空飛ぶイギリス人

The Stories of the Skies

英国的飛行機生活

The Aviators' Lifestyle, English Way

松尾和子・著
栗原秀夫・写真
Text / Kazuko Matsuo
Photographs / Hideo Kurihara

イギリスの航空ショー

イギリスの航空ショーは毎年5月から10月までの間に
イギリス全土で繰り広げられる。
日本と違うのは、航空の黎明期の時代から
現代に至るまでの、空に関するあらゆる航空機がショーの主役である。
初期から保存されている飛行機、
ボロボロになったあげく修復された飛行機、
新しい戦闘機や民間機までが、ショーの主役となる。

民間機といえば、２００３年は飛行百周年で、
南アフリカ航空のボーイング７４７がショーにやってきて、
普段はできない急旋回や急上昇をやって見せてくれた。
しかし、なんといってもイギリスでの航空ショーの主役は
スピットファイアである。

スピットファイアは第二次世界大戦の時に
イギリスを救った戦闘機として、今もイギリスでは一番人気である。
日本で言えば零戦だろうか。
１９８５年には飛行可能なスピットファイアは12機だったが、
現在では20機を越えている。
イギリス、いや世界中のあちこちで今も修復が行われているのだ。

G

TD248

ショーを支えるパイロットたち

ショーに出演する新しい飛行機は、各航空会社や陸・海・空軍所属のものが多い。彼らは自分たちの会社や軍の宣伝として航空ショーを利用している。その良い例は空軍所属のレッド・アローズだ。レッド・アローズの演技を見た子供たちは、自分も大きくなったら飛行機を操縦したい、と願うようになる。

民間では自動車会社、三菱が長い間シヨーグン（パジェロ）の宣伝に小さなクリクリという飛行機を屋根に乗せてそこから離陸するという芸をやってのけた。

毎年バター会社は、複葉機ボーイング・ステアマンの上に若い女の子を乗せて、イギリス中を回っている。

さて、この航空ショーに登場する飛行機を陰で支えているのが、ディスプレイ（演技）・パイロットたちだ。航空ショーで演技するには、特別のライセンスがいる。

ディスプレイ・パイロットたちの顔ぶれはさまざまで、その詳細をインタビューしたのが、この本である。

ひとつ言えるのは、自分で飛行機を好きになった人と、親の影響で飛行機漬けになってしまった人の2種類がいることだろう。

イギリスの軍隊には特別な制度があって、子供たちの放課後を有意義に過ごすためのクラブを主催している。この組織は古くからあり、カデットと呼ばれている。制服もあり、学校では学べない知識を与えてくれるのだ。

とりわけ空軍（以下ＲＡＦ）のカデットは、グライダーから始まり、空軍に必要な空の知識を与えてくれる。その中に成績が優秀で本人が望めば、飛行機の免許取得の費用を出してくれる、というのがある。これで免許を取得したからといって、別に空軍に義理を感じて将来入隊

する必要はない。この本にもそんな人たちが数名含まれているが、その後入隊した人そうでない人など、両方がいることをわかってもらえるはずだ。

航空ショーに意外と多いのがエアラインのパイロットである。英国航空からブリタニア航空、もっち小さなエアラインまでいろんなパイロットが趣味で出演している。なかには、どちらが本職かわからなくなりそうなほど、入れ込んでいる人もいる。本書で紹介しているピーター・キンジー氏がその典型だろう。

エアラインのパイロットはプロだが、それ以外の人はアマチュアである。日本と違って、各航空会社は、自社のパイロットがよその飛行機を趣味で操縦することを禁止していない。軍隊も然りで、飛行機自体への理解が深まると、奨励さえしているのだ。

プロでもアマチュア・パイロットでもディスプレイ・パイロットのライセンスを所持していないと、航空ショーに参加することはできない。突発的な事故に備えて、観客を巻き添えにしないため、また近隣に迷惑をかけないためいろいろな制約があるのだ。

さて、飛行機はどこからやってくるのか。イギリスでいちばん数多く航空ショーを賑わしている第二次大戦機は、誰が所有しているのか。シャトルワース・コレクションは、博物館が所有している。しかし、ダックスフォード博物館では、展示専用の航空機は博物館所有だが、飛行可能な航空機はすべて個人所有である。博物館が場所を提供して、そのお返しに彼らが航空ショーを助けることになっている。

この本ではこういった所有者も紹介されている。彼らは、普段はビジネスマンであったり、電気工であったりいろいろだ。

たとえば、ダックスフォードを基地にしているファイター・コレクションでは、持ち主のスティーブン・グレイ氏は、自機のベア・キャットを操縦するのを楽しみにして、なおかつ他の所有機は別のパイロットに任せている。良いパイロットを常に捜していて、ファイター・コレクション・チームを作っている。

ダックスフォードではもう一つ、エアクラフト・レストレーション・カンパニーが、同じような運営を行っているが、所有者のジョン・ロメイン氏は、ここを基地にして航空機メンテナンスを行っているのだ。職住趣味接近の生活をしている。いっぽうのスティーブン・グレイ氏は、数あるビジネスの拠点をスイスに置いて、航空機を飛ばすためだけに帰ってくる。

自分の飛行機で出演するのは全パイロットの夢だ。だが、現実はそう簡単でない。毎年徹底したメンテナンスを行い、それでも気をつけて操縦する。保険料も一般機と比較して高価で、スピットファイアなどは飛ばすのに1時間500ポンドとも1,000ポンドとも言われているくらいなのだ。

だからほとんどのパイロットは、誰かの所有機を操縦させてもらっている。技量さえ良ければ、あちこちにいるオーナーに交渉して航空ショーに出演することができる。

航空ショーに数多く出演していると、映画出演の機会もあるそうだ。オールド・フライング・マシーン・カンパニーは、ずっと『007』の航空機スタントを手がけてきたし、『太陽の帝国』、『プライベート・ライアン』も、出演した。ダックスフォード博物館は、『メンフィス・ベル』で撮影場所となったばかりでなく、B－17（サリーB）や他の第二次世界大戦機が出演、スタッフも動員された。

会社勤めのパイロットは、航空ショーに併せて休暇を取るので、いつも大変なのだそうだ。

イギリスの航空ショー

毎年4月末から10月中旬がイギリスでの航空ショー最盛期だ。季節に関わらず、風が吹きすさび雨が降ると冷え込むので、フード付のウィンドブレーカーは欠かせない。また、できればホッカイロなどを携帯すると助かる。

航空ショーは前売り券を手に入れると一割は安くなるが、当日でも入場できる。ほとんどの人が車で行くので、交通が不便なことが多いから要注意である。

開場は通常午前8時から9時で、お昼ごろから夕方まで飛行機が飛ぶ。それこそ休みなく飛ぶので、飛ぶ飛行機を見ながら弁当を食べるのもままならないほどだ。

飛行機がとくに好きでなくても、ただお弁当を持って（あるいは現地でもたくさんの店舗が並ぶ）ピクニック代わりに一度行ってみると良いだろう。まったく飛行機とは関係のないお店も、たくさんでているし、どうにかすると一部は子供用遊園地と化している航空ショーもある。

一般の人が楽しみに来るいちばんの理由は、なんといってもRAFのレッド・アローズだろう。彼らの演技だけを見にくる人たちもたくさんいる。9機の赤いホークが一糸乱れぬ姿でいろいろな編隊を組み、曲技を披露する。世界でナンバーワンのチーム、とイギリス人は胸を張る。

ここでは代表的な航空ショーをはじめとする、博物館の情報を簡単なリストとしてまとめてみた。訪れたいと思う方の参考になれば幸いである。

■代表的なイギリスの航空博物館

イギリスには大小合わせて50以上の航空博物館があるが、代表的なものとして以下の5か所をあげたい。

RAFヘンドンはロンドンで地下鉄でも行ける便利な博物館である。

それ以外の博物館は、ロンドンから1時間～3時間の距離にあり、車以外でのアクセスはむずかしい。しかしながら、博物館は飛行場の中にあるので、日常的に飛行機の離発着を見ることができる。とくにダックスフォードはドラゴンラピードやタイガーモスで遊覧飛行もできる日がある。また整備を終えたスピットファイアやムスタングのテスト飛行を目にすることもたびたびある。

Ⓐ RAFミュージアム・ヘンドン
Royal Air Force Museum Hendon
http://www.rafmuseum.org.uk/

Ⓑ IWMダックスフォード
Imperial War Museum Duxford
http://duxford.iwm.org.uk/

Ⓒ FAAヨービルトン
Fleet Air Arm Museum
http://www.fleetairarm.com/index2.htm

Ⓓ RAFミュージアム・コスフォード
Royal Air Force Museum Cosford
http://www.rafmuseum.org.uk/cosford/index.cfm

Ⓔ シャトルワース・コレクション
Shuttleworth Collection
http://www.shuttleworth.org/main/index.htm

■そのほかの博物館

イギリスには上記の代表的な航空博物館以外にも大規模な航空機を展示してある博物館は数多い。ロンドンやマンチェスターの科学博物館や戦争博物館にも時代を飾った航空機の展示がある。下記はほんの一部だがそれぞれ個性的な博物館である。またイギリスの歴史的な飛行場には規模の大小はあれ、博物館が併設されていることが多いので立ち寄ってみたい。ここに記載したのはほんの一部である。

Ⓕ ニューアーク航空博物館
Newark Air Museum
Newark, Nottinghamshire
http://www.newarkairmuseum.co.uk

Ⓖ ヨークシャー（エルビントン）航空博物館
Yorkshire Air Museum
http://www.yorkshireairmuseum.co.uk/

Ⓗ ミュージアムオブフライト
Museum Of Flight, East Fortune
East Fortune Airfield East Lothian
EH39 5LF
http://www.nms.ac.uk/flight/index.asp

Ⓘ ジェットエイジミュージアム
Jet Age Museum
http://www.jetagemuseum.org/

Ⓙ リアルエアロプレーンカンパニー
The Real Aeroplane Company
http://www.realaero.com/index.htm

Ⓚ ロートン科学博物館
Science Museum - Wroughton
http://www.sciencemuseum.org.uk/wroughton/

Ⓛ タンミア航空博物館
Tangmere Airfield, Chichester,
West Sussex,

■その他

参考のため上記以外に取材のために訪れた飛行場を記載したい。取材には多くの航空ショーや博物館を回ったが、それ以外の小さな飛行場もパイロットに会うために訪れた。これらの飛行場も小さな博物館があったり、航空ショーをやることもあるので気をつけておくと良いだろう。

㋑ ガトウィック Gatwick
（ロンドン第二の国際空港）
㋺ ノースウィールド North Weald
㋩ スウォントン・モーレイ
Swanton Morley
㋥ ウォートン Warton
（ブリティッシュアエロスペースの飛行場）
㋭ ホルトン RAF Halton
㋬ リトルグランズデン
Little Gransden
㋣ ヘッドコーン Headcorn
㋠ レイドン Raydon

他にはニュージーランドでの取材に訪れた飛行場がある。ニュージーランドとイギリスの結びつきは深くワナカの航空ショーでは何人ものイギリス人パイロットが参加している。パイロットだけでなく飛行機もイギリスとの間を往復しているものがあるのだ。

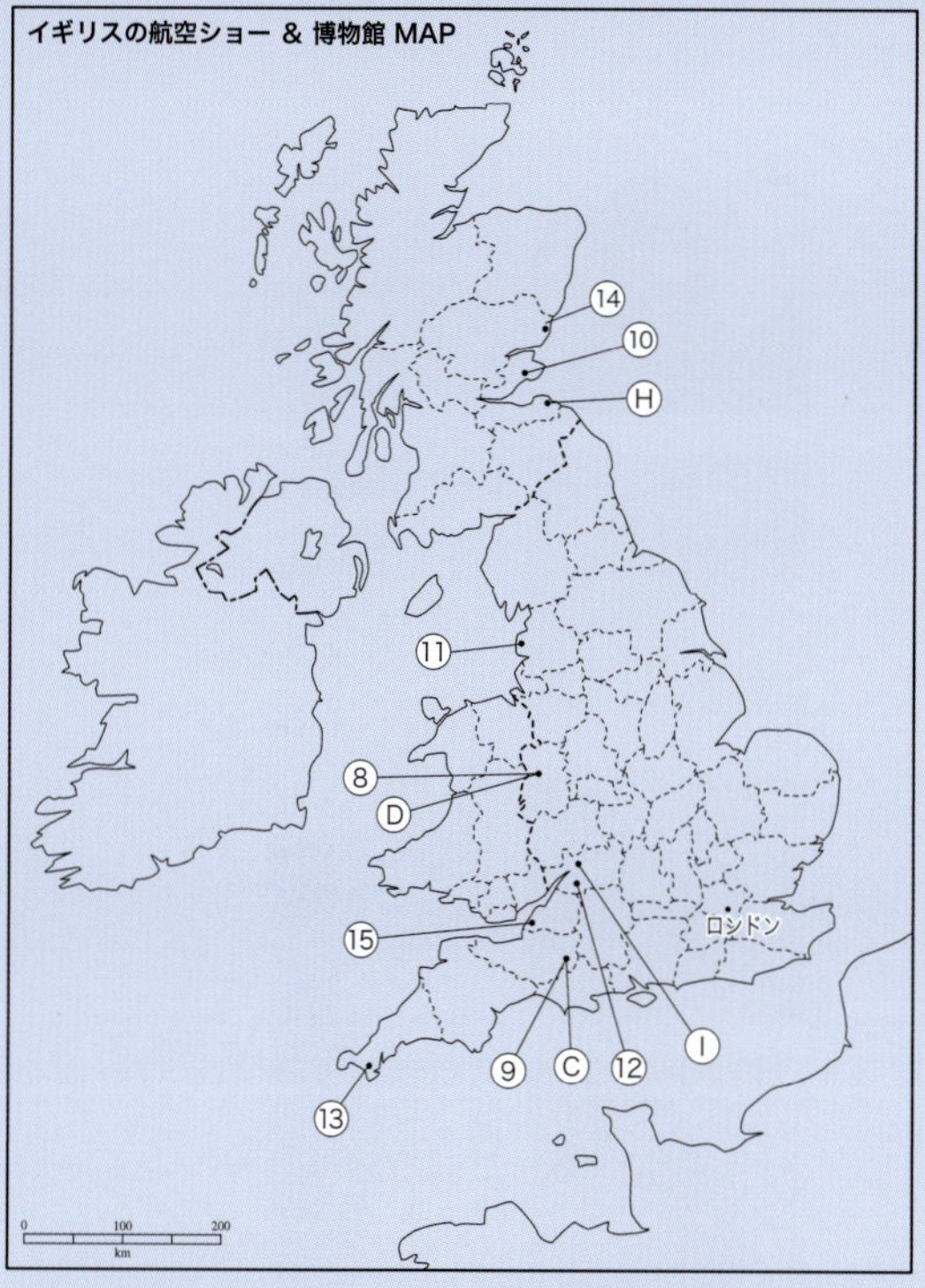

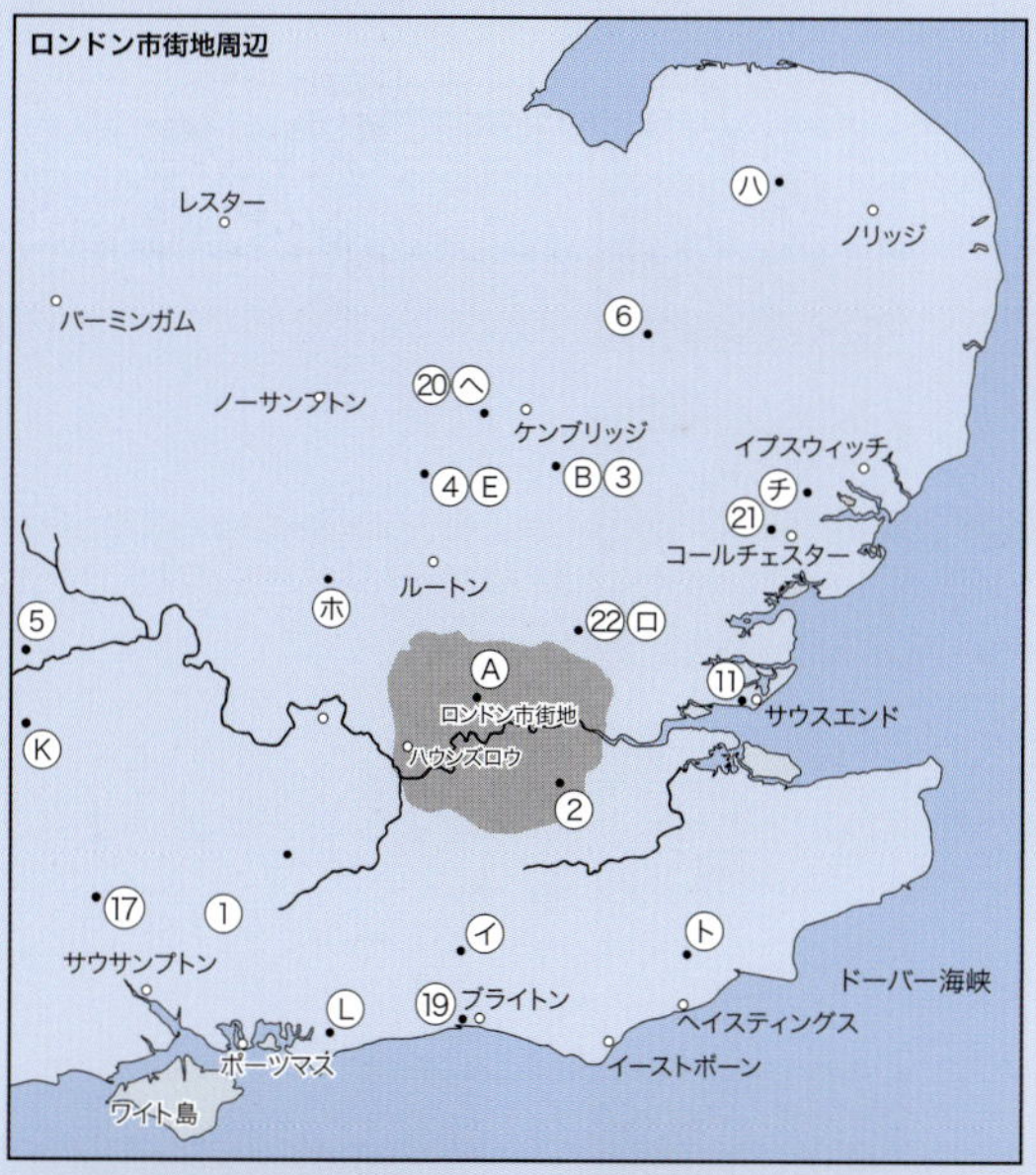

■主なイギリスの航空ショー

イギリスの航空ショーは4月から10月の土日に各地で行われる。代表的な航空ショーをあげたが、毎年同じ月の同じような日に開催される。

またミルデンホールは米空軍、ヨービルトンは英海軍の基地なのでコソボやアフガニスタンの戦争のせいで中止になった年もある。開催の月を書いておいたが、年によっては変更されることもあるので注意が必要である。

① ファンボロー（2年に1度）7月
Farnborough, Hampshire
Farnborough International
http://www.sbac.co.uk
http://www.farnborough.com

② ビギンヒル（年1回か2回）6月、9月
Biggin Hill, Kent,
http://www.airdisplaysint.co.uk

③ ダックスフォード（年4回）
5月、7月、9月、10月
Duxford, IWM, Cambridgeshire
http://www.iwm.org/duxford/airshows.htm

④ シャトルワース（年11回）
Old Warden, Shuttleworth Collection, Bedfordshire
http://www.shuttleworth.org/shuttleworth/index.htm

⑤ エアタトゥー（フェアフォード）
7月
RAF Fiarford, Gloucestershire,
International Air Tattoo
http://www.rafbfe.co.uk

⑥ エアフェイト（ミルデンホール）
5月
RAF Mildenhall, Suffolk, Air Fete
http://www.mildenhall.af.mil/

⑦ ウォディントン　6月
RAF Waddington, Lincolnshire
http://www.waddingtonairshow.co.uk

⑧ コスフォード　6月
RAF Cosford, West Midlands
http://www.cosfordairshow.co.uk

⑨ ヨービルトン　9月
RNAS Yeovilton, Somerset,
International Air Day
http://www.yeoviltonairday.co.uk

⑩ ルーカス　9月
RAF Leuchars, Fife, Scotland,
International Airshow
http://www.airshow.co.uk

■そのほかの航空ショー

イギリスの航空ショーは規模の小さなものも入れると大変数が多い。中止になるものもあれば、新規に開始されるものもある。また年によっては別の飛行場で開催されることもある。飛行場ではなく海岸で行われるものもある。

参考のために毎年やると思われる航空ショーを記載したが、実際にいつどこでどのようなものを行うかはあらためて調べなければならない。

⑪ サウスエンド・オン・シー
Southend-on-Sea, Essex
http://www.southendairshow.com

⑫ ケンブル
Kemble, Gloucestershire
http://www.kembleairday.com

⑬ カルドローズ海軍基地
RNAS Culdrose, Cornwall,
International Air Day
http://www.airday.co.uk

⑭ アーブロース
Arbroath, Angus, Seafront Spectacular
http://cgi.seafront.org.uk/news/

⑮ ウェストン・スーパー・メア
Weston-Super-Mare,
Somerset Heli-days

⑯ サンダーランド航空ショー
Sunderland, Tyne & Wear, Sunderland International Airshow, seafront

⑰ ミドル・ウォロップ陸軍基地
Middle Wallop, Hampshire,
Music in the Air

⑱ エルビントン飛行場
Elvington, North Yorkshire,
Yorkshire Air Show
http://www.elvington.org/programme.htm

⑲ ショーハム空港
Shoreham, Sussex, Shoreham Airshow

⑳ リトル・グランスデン飛行場
Little Gransden, Cambridgeshire
http://www.littlegransdenshow.co.uk

㉑ ボックステッド
Boxted, Essex,
Boxted Airfield Open Day
http://www.boxted-airfield.com/

㉒ ノースウィールド飛行場
Aerofair,
North Weald Airfield, Essex
http://www.aerofair.co.uk

CONTENTS

Ray Hanna

レイ・ハンナ

レッド・アローズを有名にした立て役者

もう欲しい飛行機は特にはない、というレイだが、最近ラボーチキンLa-9戦闘機を手に入れた。

イギリスの航空ショーで必ず見る名前、それがご紹介するレイ・ハンナ氏である。もとレッド・アローズの隊長で、オールド・フライング・マシーン・カンパニーを作り、スピットファイアなどの古典機を所持し、映画やテレビ、コマーシャルなどで活躍している。イギリスの航空ショーを大きくした立役者の一人である。

スティーブン・スピルバーグの映画『太陽の帝国』のラストシーンに登場したアメリカの戦闘機を覚えているだろうか。戦局が変わって連合軍が主人公のいる収容所の方まで攻撃を加え、そこに悠然と姿を現したP-51Dムスタング、これを所有し操縦していたのが今回登場するレイ・ハンナ氏である。

イギリスの航空ショーではもっとも有名なパイロットの一人であり、「オールド・フライング・マシーン・カンパニー」(以下OFMC)の創立者でもある。OFMCには現在スピットファイアMkⅨをはじめP51-Dムスタング、ミグ15、F-86Aセイバー、ホーカー・フューリーFB・10、F4Uコルセア、メッサーシュミットBf109などを所有している。映画やテレビ、コマーシャルの分野でも活躍しており、上記の『太陽の帝国』以外にも『メンフィス・ベル』を含む7本、ポルシェのコマーシャルなどにも出演、イギリスでは誰もが知っている会社に成長した。

OFMCは、ケンブリッジ州のダックスフォード、戦争博物館の中にある。滑走路に沿って並べられたプレハブ住宅がOFMCの事務所で、そばのハンガーには所有の飛行機が所狭しと並べられ、エンジニアたちが航空ショーの準備に追われていた。私たちが訪れたときは、航空ショーの2日前にもかかわらず誰がどの飛行機に乗るか決まっていない状態で事務所では話し合いが続いていた。

レイ・ハンナ氏は現在69才。中肉中背の魅力的なパイロットである。事務所は外観とは裏腹に、飛行機の写真や記念品がきれいに整理整頓されている。大きな机を挟んでのインタビューが始まった。レイは航空ショーでは欠かせない存在としてその地位を確立したが、現在はスイスを拠点にしているそうだ。もう飛ぶのを止めてしまったのだろうか。

「そんなことはありません。私はOFMCを今は息子のマークに任せているので、ただのコンサルタント兼パイロットなのですよ。スイスでは、外交官専用機を扱っている企業でトライスターを操縦しています。でも今回のように航空ショーがあると飛ぶために帰ってくるのです」

レイはニュージーランドのオークランド近郊生まれ。彼の家族は誰も飛行機に興味がなかったという。それでも6才のころから漠然と大きくなったら飛びたいと考え、19才の時RAF(英空軍以下RAF)に入隊するためにイギリスに渡った。両親は特に喜ぶでもなく「息子がやりたいなら」と認めてくれた。オークランドではタイガー・モスで訓練を積み、イギリス行きに備えた。

「まだその頃は、飛行機といっても今のようにピンときませんでしたからね、たぶん私の母は何のことだかよくわからなかったのでしょう」

RAFでの最初の訓練は、プレンティスとハーバード(T-6テキサン)であった。その後、テンペスト、シーフューリー、バリオール、ミーティア、ボーファイターを乗りこなす。1951年になると初めて第79飛行隊に配属されミーティアで出撃した。この時の飛行高度はほとんどが100フィート以下を飛ぶというもので、この経験が現在の彼のスタイルを培ったに違いない。レイはRAFパイロットとして、1940年代、50年代、60年代のイギリス製のジェット戦闘機をほとんど経験することになる。バンパイア、ベノム、アタッカー、シーホーク、スウィフトそしてジャベリン。

この時期、事故に2回遭った。1回はバンパイアをシンガポールの基地から英国へ空輸中、エンジンが停止した。場所はデリーとジャイプールの中間の砂漠で、レイによると、

「ちょうど良い砂のベッドの上に」胴体着陸。そしてもう1回は、新しいジャベリンで編隊離陸した時のこと、油圧系統の故障により操縦桿がまったく効かなくなり、仕方なく胴体着陸をした。すでにスピードが120ノット出ていたのでそのままフェンスを突っ切り道路にぶつかりジャンプ、道路を乗り越えてさらに野原に激突大破した。奇跡的に背中の打ち身だけですんだ。

「私はたぶんあの時に死んだんだと思うよ」とレイは明るく笑う。

1957年からはハンターに乗り4機の隊長機となる。1965年にはレッド・アローズに参加、当時はナット（GNAT）で3番機を1年勤めた後、隊長機として66年から4年間活躍した。この時期、レッド・アローズとレイ・ハンナの名前は、世界的に有名になったといっても過言ではない。アクロバット飛行は、練習さえ積めば決して危険でも何でもないという。隊長機の時は、9機分の大きさの飛行機を想像してその先端にあるコックピットにいるつもりで飛んでいたそうだ。

1971年、レイに大きな転機が訪れる。

「トシをとったからRAFを辞めようと思ったのですよ。ハハハ、冗談ですが。これは大きな決断でした。乗りたかった戦闘機にはほとんど乗れたし、やりたいこともやれました。最後に乗っていたのはF-4ファントムです。で、思い切ってキャセイ・パシフィック航空へ転職したのです」

「キャセイ航空へ転職して一番の難関は、英国の事業用パイロットの免許を取得することでした。当然民間機と軍隊とではいろいろな手順が違うのですが、これはあまり問題ではありませんでした。結局飛行機は大きくても小さくても飛ぶことに変わりはないですから、RAFから民間へ移籍する人は結構いますよ」

「キャセイ航空では最初ボーイング707を操縦しましたが、飛行機が大きいぶん重いな、と感じました。次はロッキードL-1011（トライスター）でした。私の操縦した飛行機で一番大きいのがたぶん、このトライスターです。707からトライスターへ移ったときは、巨大な戦闘機を操縦しているようでした。操縦桿も非常に軽く、操縦していて楽しい飛行機ですよ。ロッキードという会社は技術的に、ちょっとやり過ぎかなと感じることもあるのですが実に素晴らしい飛行機を作ります。

スピットファイアと比べ、
ムスタングはピッチが重くて引き起こしが
たいへんです。

これが政治的問題になったのは非常に残念ですが、パイロットからみたトライスターは実に素晴らしい飛行機だったのです」

1979年にレイはスイスの航空会社から声をかけられる。この会社は外交官専用の会社で私たち庶民を搭乗させることはない。以後、現在に至るまで彼はスイスとイギリスの2ヵ所に居住している。1980年には自分で「オールド・フライング・マシーン・カンパニー」を設立、前述のムスタングそして1983年にスピットファイアを購入した。このスピットファイアはまだRAFにいた1970年から乗っていて、持ち主が売りに出したので購入したのだが、当時の最高記録価格26万ポンド（約8千万円）を払った。

この2機についてレイはこう語る。

「スピットファイアは実に操縦しやすい、飛行機の『感触』がそのままパイロットに素直に伝わってくる、素晴らしい戦闘機だと思います。ムスタングはピッチが重くて引き起こしがたいへんですが、スピットファイアは設計者が思ったとおりにできなかったと告白しているとおり、実際軽すぎるほどなのですよ。だから、まるで針1本で支えられているかのような飛び方をするのです。ムスタングも違った性格ではありますが、非常に優秀な戦闘機で、まずコクピットのデザインが美しいので、パイロットにとっては嬉しいものです。それに層流翼のため長距離を飛ぶには非常に楽ですよ。この2機の設計上の大きな違いは翼です。これが大きく性格的な差となって現れているのです」

実際に航空ショーなどでは、どれくらいの出力で飛んでいるのだろうか。

「2、3年前に急降下をした時このスピットファイアでの最高速度を出しました。かれこれ400ノットあったと思います。いつもエンジンのオーバーホール（分解修理）をしていますが、古くなってきましたし大切にしたいので戦時中の半分の出力で飛んでいます。どんなことがあってもフルパワーの4分の3を超える飛び方はしませんが、半分でもマーリンエンジンは十分にパワフルです。だから戦時中は100時間ごとにオーバーホールしていたものが、今では500時間近く持ちます」

もう欲しい飛行機は特にはない、というレイだが、最近手に入れたロシア製ラボーチキンLa-9戦闘機は朝鮮戦争で使われたもので、世界であとはルーマニアにある1機が残っているだけだという。これを20年前北京で発見し過去10年間に交渉のため16回も北京を訪問、結局、ハリアーと交換することで一件落着したそうだ。イギリスの国防省が非常に難色を示したが何回も説得し、ようやく納得してもらったという。

「あまりフェアな交換とは思えませんね」と言うと「ハリアーとはいえ、古いただの鉄屑ですよ」という返事が返ってきた。現在この鉄屑ハリアーは北京大学の庭に飾ってあるそうだ。

現在、ＯＦＭＣでは約20名がエンジニアとして常勤している。戦争博物館はＯＦＭＣにハンガーを無料提供し、そのお返しで持っている飛行機を一般公開したり、たまには航空ショーを主催して見せているという。お互いのために非常によい関係だとレイはいう。

2年に一度は、ニュージーランドのワナカ航空ショーにも参加している。前回はメッサーシュミットを持っていった。ちなみに飛行機は分解して船便で送ったそうだ。

「日本の博物館もこんなふうに飛べる飛行機を展示して、たまに飛ぶところを見せると非常に良いと思う。そういう時には、ぜひともＯＦＭＣにも声をかけてもらって、一緒に航空ショーが出来ると素晴らしいと思いませんか」

今までの総飛行時間は18,000時間。航空会社勤務の方が飛行時間は伸びるのでかなわない、と不服そうだ。戦闘機では年間どう頑張っても2～300時間しか飛べない。それでも戦闘機で8000時間、航空会社で10,000時間という内訳だ。現在スイスの会社ではトライスターを操縦しているそうだから、これからも飛行時間が増え続けるだろう。

英国には数多くある芝生滑走路から離陸するニュージーランド空軍のマーキングのP-40

John Romain

世界で唯一飛行可能なブレニム戦闘爆撃機を飛ばす男

ジョン・ロメイン

第二次世界大戦中、ビルマで加藤隼戦闘隊の加藤建夫中佐と戦闘し、撃墜した飛行機を知っているだろうか。今回登場するブレニム戦闘爆撃機である。第二次世界大戦初期のドイツを初めて偵察機として飛び、主にギリシャや西サハラ、極東に配備された。今回登場するジョン・ロメイン氏は、このブリストル・ブレニムを完全修復した中心人物である。

日本でも英国機マニアでないかぎり、ブレニム戦闘爆撃機を知っている人は少ない。これはもともと飛行機マニアで知られたデイリーミラー（日刊新聞）の社主ロザミア卿が、米国のダグラスＤＣ－１に対抗し、１９３４年ブリストル社に設計を依頼した『自家用８人乗りエグゼクティブ用高速機』であった。１９３５年にテスト飛行をしたところ、その当時ＲＡＦに配備されていた戦闘機より最高速で80㎞／ｈも上回る４８０㎞／ｈを記録、航続距離も１６００ｋｍであった。気をよくしたロザミア卿はこの設計をＲＡＦに提供、ＲＡＦはブリストル・ブレニムとして戦闘機型と爆撃機型の２種類を製作した。

ダックスフォード航空博物館の中、旧空軍の建物の一つがエアクラフト・レストレーション・カンパニー（航空機修復会社）である。そこの社長ジョン・ロメイン氏を訪れた。

最初にジョンを紹介されるまで、正直言うと私たちは近所の学生が遊びにきているとばかり思っていた。小柄で童顔の37才は、物静かな飛行機マニアであった。カンカンと修復の音が鳴り響いている現場でのインタビューがはじまる。

父親がブリティッシュ・アエロスペース社（当時デハビランド社）の技術者だった関係で、初めて飛行機に乗ったのは３歳の時だという。それからは自分も技術者を目指し、とにかく飛行機のそばにいたい一心で学校卒業と同時にブリティッシュ・アエロスペース社の技術者見習いとして入社。同時に、ダックスフォードでボランティア技術者として古い飛行機の修復を手伝い始めた。

「結局、僕は最新鋭のミサイルとか飛行機などより、古い飛行機に携わっているほうが楽しいということがわかったんですよ。ダックスフォードがこの場所を提供してくれることになり、ブリティッシュ・アエロスペースを辞めて、本格的に飛行機修復をやることになりました」

ジョンがわずか20才の時の決断である。ブレニムは12年もかかった修復の後、１９８７年５月22日、初飛行に成功した。そのわずか31日後の６月21日、ロンドン郊外デンナムの航空ショーでタッチ・アンド・ゴー（車輪を着地後すぐに離陸すること）に失敗して墜落大破した。その日には、当時のオーナーであったグレアム・ワーナーが修復宣言をし、英国中から寄付や援助の申し出が相次ぎ、英国の新聞や雑誌を賑わしていた。現在あるブレニムが墜落した機体を修復したものか聞いてみる。

修復中のエンジンの中からは、
ネズミの屍骸が５匹もでてきたそうだ。

「実はお話のブレニムが墜落したとき、僕も乗っていたのですよ。奇跡的に３人とも数週間の入院ですみました。しかし機体は破損が激しく修復不可能でした。それでも2割くらいは、この新しいブレニムの一部として蘇っています。今度の機体はカナダから持ってきたものでボロボロでしたが、３万ポンド（当時のレートで約９００万円）しました。修復費ですか？　５年間で50万ポンド（約１億円）くらいでしょうか。それでも、最初のブレニムよりずいぶん安く、しかも早く仕上がっているのですよ。最初のは、12年間かかったんですから」

「最初は、部品を作る工作機械の製作から入りました。今では修復のシステムができあがり、どの部品をどこで調達したらよいかなど全部わかっています。特に、ブレニムに搭載されているマーキュリー・エンジンは、最初のブレニムを飛ばすのに23基のエンジンを集めました。その中から使えるエンジンを選び、あとは部品のストックとしました」

エンジン一つの中からは、ネズミの屍骸が5匹もでてきたそうだ。スピットファイアに搭載されているマーリン・エンジンはオーバーホール専門店で手軽に買うことができるそうだが、マーキュリーは世界中で唯一ジョンたちだけがノウハウを持っている。ブレニムの修復を通して、マーキュリー・エキスパートとして世界中に知られるようになった。

「今までに修復したのは全部で約30機、11機種です。一番困難だったのは何といっても資金繰りですが、実際に手のかかったのはブレニムです。エンジン一つでも大変なのに双発ときていますから。なかでも一番複雑で時間がかかったのが翼です。もとの塗装を丁寧に剥がし正確に曲げ、熱処理をするのです。主翼に８桁、１桁には約１５,０００個のリベットを使っています。桁の材料もイギリスでは手に入らず、皮肉なことに元敵国であるドイツの工場が生産していることがわかり、注文しました。翼のジュラルミンは当時とまったく同じものが簡単に手に入りますし、ケーブルなどもそうです。鋼管は紅砒ニッケル鋼でできていて、これも当時と同じものです」

ところで、ジョンは技術者でもあり航空ショーなどでのディスプレイ・パイロットでもある。現在の総飛行時間は１,８００時間。操縦はいつから始めたのだろうか。

「ダックスフォードに通いだして、まずＰＰＬ（自家用免許）を取得しました。それから非常にラッキーなことに、ダックスフォードには元ＲＡＦの教官やら優秀なパイロットがたくさんいて、みんなが順番に僕を訓練してくれたのです」

「まず最初にチップマンク、これで編隊飛行をしたりアクロバットの基礎を習いました。その次がオースター、それからハーバード（Ｔ－６テキサン）です。ハーバードは操縦桿も重いし尾輪式なので、古い戦闘機を操縦する練習としては最高です。単発の練習の最後は、ハーバードの後部座席で操縦することでした。スピットファイアのようなノーズの長い飛行機はタキシング（地上滑走）のときほとんど前が見えなくなりますから、この練習は重要です。それからコルセア、スピットファイアに乗り、双発免許を取りました。まずビーチ18で練習し、次はエンジンを1発停止して片肺飛行を経験したりしました。最後にB-25ミッチェル、そしてカタリナを操縦しました」

何とも羨ましいかぎりのキャリアだが、F4UコルセアとスピットファイアP-51ムスタングの違いを次のように説明してくれた。

「車で表現するとF4Uコルセアは大きなトランザム、スピットファイアはブガッティ、P-51ムスタングはその中間です。このF4Uコルセアは後期に作られたものでかなり自動化されていて、操縦も簡単で力強くて静かなのです。一方、スピットファイアは、オイルの匂い、細かい振動、飛行機のすべてが体に伝わってくる感じです。もちろんどちらも素晴らしい戦闘機ですよ」

何と今までに操縦した飛行機は、54機種にのぼるという。その中でジョンのログブック（飛行機の操縦記録簿）に燦然と輝いているのは、ハワード・ヒューズ（アメリカ伝説の大富豪）が所有していた第一次世界大戦の戦闘機S・E・5で、今はアメリカの博物館で展示されているそうだ。

ジョンはダックスフォード航空機博物館にとても感謝している。工場用の建物とハンガーを無料で貸してくれているのだが、これはあくまでも飛行機展示をし航空ショーで飛行機を飛ばす見返りなのだ。ところが長い間、ジョンは展示用の飛行機すら持っていなかった。

「ダックスフォードが、僕を信用し辛抱してくれたことにとても感謝しています。今の状態になるまでに17年もかかりました。本当に少しずつ実績を重ねてきました。だから今は僕が恩返しをする時期なのです。修復の技術も知れわたるようになりましたし、ダックスフォードが展示しているコンコルドの塗装などの仕事をくれることもあります」

将来、修復してみたいあるいは操縦してみたい飛行機を聞いてみた。

「一番やってみたいのがフォッケウルフFw190です。それから零戦もぜひ一度操縦してみたいです。あと面白いと思うのはホーカー・タイフーン。これにはネイピア・セイバーというすごいエンジンが搭載されているのですが、戦後すぐに全機が退役させられたのです。エンジンがデリケートで、飛ばすと壊れるとさえ言われたくらいです。これを操縦していたパイロットに聞くと、ものすごいパワーの強力な戦闘機だったということです。」

以前聞いた話だが、RAFセントアサン航空博物館では、古い飛行機を飛ばすと必ずどこか壊れるので決して飛ばさないようにしているとのことだった。そこには当時、日本の陸軍五式戦闘機、百式司令部偵察機をはじめジョンの憧れフォッケウルフFw190もあった。

結局、僕は最新鋭機より古い飛行機に携わっているほうが楽しいということがわかったんですよ。

ブレニムもライサンダーも装備しているのはブリストル・マーキュリー・エンジンである

ただ飾っておくのはもったいないと思います。

「もちろん機械なのでまったく壊れないとはいいません。でも飛ばすことによって壊れたり磨耗する部分は、修理すればいいのですよ。一番大切なのは、飛ばす自分たちも楽しいのですが、それをほかの人達に見てもらうことによってみんなに感動を与える、ということです。第一、統計をみると実際の事故での損失より保管中の倉庫の火事でなくなった飛行機の数の方が多いんですから、ただ飾っておくのはもったいないと思います」

ところでジョンの会社も軌道に乗ってきて、彼を含め現在は8名の会社になった。彼は自分の幸運をほかの人にもわけてあげたいと考えている。

「博物館には、とにかく飛行機が好きでハンガー（格納庫）の掃除を喜んで手伝ってくれる子供たちがきます。僕たちはこの子たちをハンガーラッツ（ネズミ）と呼んでいるのですが、毎年一人に飛行機の免許を取得する手伝いをしています。僕自身がみんなのお世話になってきたのですから、そろそろ次の世代を育てようと思っているのです」

ジョンは設計図があれば、いや、なくても大体の絵と寸法さえわかればどんな飛行機でも作れると自信満々である。出来れば日本の飛行機も一度は手がけてみたいということだ。

究極の趣味

スティーブン・グレイ

Stephen Grey

ダックスフォードでオールド・フライング・マシーン・カンパニーと競っているのが、スティーブン・グレイ氏の率いるザ・ファイター・コレクションだ。ハンガーを所狭しと埋め尽くしたコレクションは、全部スティーブンの個人所有。しかも、最近日本機を購入したという噂を聞いた。

前もって彼のインタビューは難しいだろうと、イギリス人スタッフから聞かされてはいた。実際に取材申請をしてから、返事があるまで4ヵ月、しかも会えたのはその2ヵ月後であった。後でわかったのだが、彼はスイスに住んでいるのだ。

他のパイロットとの違いは身長もたっぷり185センチはある堂々とした体格の持ち主だ、ということ。

まず最初に、スティーブンが持っているらしいという噂の日本機について聞いてみた。

「噂ですって？　持っていますよ。オスカー（隼）はオーストラリアの博物館と物々交換したのです。何と交換したか言わない方がいいでしょう。（笑）ぼくにとっては不利な交換だったと思いますが、最後にみんなで笑って握手ができるということが、交換やビジネスの鉄則です。双方とも満足しています。もう一機は零戦です」

今ロシアで修復中の零戦が3機あると聞いているが、その中の1機が彼のだろうか。

「いいえ。僕はいくつかビジネスを経営しているのですが、その一つは大型ブルドーザーなどの車両を、旧ソ連時代から過去30年にわたって販売してきたものです。従ってロシアにたくさん知り合いがいて、一緒に飛行機を探す提案をしました。ロシア中を回り、結局、千島列島の旧日本海軍ハンガー（格納庫）で、5機零戦を見つけました。2機はハンガー前に置いてあったので朽ち果てていました。中にあった3機のうち1機はハンガーの屋根が崩れて壊滅状態、1機はまあまあの状態でした。この機体と他の使えると思える部品を全部持って帰ったわけです。未だに梱包されたまま、ここの倉庫に眠っていますよ」

私たち日本人には嬉しいニュースだが、将来、この2機を修復して飛ばすつもりはあるのか。

「僕は、基本的にただ飛行機を持って眺める趣味はありません。飛ばすのが好きなんですよ。うまく説明できないけれど、わけのわからない複雑さのあるドイツ機には興味がありません。それ以外、日本の飛行機も含めて、それも戦闘機が好きなのです」

オリジナルしか興味がない。

そもそもの飛行機とのかかわりを聞いてみる。

「昔はイギリスでも兵役がありましたから、どうせ入るならと操縦を覚えられる空軍に志願しました。パイロットとしての素質はたいしたことはなかったのですが、当時の空軍ラグビーチームは弱くて、僕は今でもラグビーの腕が買われたと思っています。操縦は、ピストン・プロボスト、バンパイア、キャンベラそれからハンターへと移りました。兵役を終えた後は予備役として週末に飛んでいたのですが、国防省が予備役にハンターは難しすぎると判断して、週末飛行は終わりになりました。1950年代後半のRAFは、巨大なフライング・クラブのようなものでしたよ。予備役を辞め、ビジネスの世界へ移り、長い間飛行機から遠ざかりました」

「そのうち友人から誘いがあり、また飛ぼうよと言われました。スタンプ、ピッツで練習したのですが、僕が小さなピッツに乗るとゴリラみたいに見えたものです。

そうするうちに、スピットファイアで友人と一緒に飛ぼう、ということになり飛行機を探し始めました。でも見つかったのはムスタングで、本当のところ少々落胆したものです。機械がどうこうというわけではありませんが、僕の好みと合わない、という意味でね。友人が、君の好みならベアキャットを買えばいい、と勧めてくれ購入しました。その次にやっとスピットファイアのMkⅨを買ったのです。当時は、このスピットファイアをきれいに修復したら、ムスタングとベアキャットを売るつもりでした。ところが戦闘機が好きになり、気に入らなかったムスタングの性格も理解できて以来、取り憑かれたように集め始めたのですよ」

スティーブンのビジネスの拠点はスイスにある。ダックスフォードに自分の飛行機を移動する前は、長い間飛行機もスイスに置いてあったそうだ。

「ダックスフォードに来たのは15年位前です。その頃は展示用の飛行機しかありませんでしたので、ここで飛行機を修復して飛ばしたいと申し出ました。その代わりに年1回『フライング・レジェンド』という航空ショーを主催しているのです。フライング・レジェンドでは、航空管制を一切使いません。パイロットが時間通りに離発着し、演技をするのです。だから時間の無駄が無くてみんなに思う存分楽しんで貰うことができます。しかも、十分安全なんですよ」

ハンガーに所狭しと置いてある飛

行機だけでなく、まだ倉庫にもたくさん所有している様子。一体全部で何機を所有してるのか。私が数えるから取りあえず何を持っているか、と聞いてみる。

「修復予定なのが、P-36カーティス・モホーク、次にアメリカで修復されたP-39エアロコブラ、北ロシアで手に入れ今修復し多分世界で唯一飛行可能になるロシアで発見したP-40Cトマホーク。P-40M（ウォーホーク、英国名キティホーク）も修復予定です。P-47Bサンダーボルト、P-51Cムスタング、これはムスタングの中でもDシリーズと比較して速くて小回りが利きます。P-51Dムスタング、この2機は全く違う飛行機です。P-63キングコブラ、修復予定のハリケーンMkⅫとⅨシリーズ、スピットファイアMkⅤ、修復を待っているMkⅨ、MkⅩⅣ水滴型風防と通常型を1機ずつ、それにMkⅫ、MkⅩⅩⅣです。スピットファイアは4段階の目覚ましい開発を経ています。最初の3枚プロペラ・短距離・小さな尾翼のMkⅤ、MkⅨは4枚プロペラ・初めてのターボチャージャー装備、MkⅩⅣは2,300馬力のグリフォン・エンジン搭載、MkⅫは究極のスピットファイアと言われる完成品で、大きな尾翼・翼の構造、エルロンなど全く他の型と違うのです。僕の目的はこれを一緒に編隊で飛ばして、スピットファイアの技術変遷をみんなに見てもらうことです。

それから海軍機は、ワイルドキャット、ヘルキャット、ベアキャットを2機、タイガーキャット、FG1Dコルセア。次にモスキートMkⅢを修復予定。今修復中なのはブリストル・ボーファイター、グラジエーター、シーフューリー。ラボーチキンLa-11、ヤク3、ヤク3のレプリカ、それからポリカルポフI-16も2機が修復予定です。中国の湖で発見したもので、うち1機はスキープレーンですが珍しいので展示用に、もう1機を飛ばす予定です。あとポリカルポフI-153を約2機半持っています。ガルウィングの複葉機です。B-25Dミッチェル、ハーバード、ユングマイスター、最初の話で出てきたゼロとオスカー（零戦と隼）です。こんなもんでしょう」

すでに40機近い！　一番飛ぶのが楽しい機体は何か聞いてみた。

「たぶん、まだ操縦したことのないグラジエーターだと思いますよ。ムスタングのC型をこの間初めて操縦しましたが、D型とは全く違います。マヌーバ（機動力）が簡単だしスピードも出る。観客からは同じように飛んでるとしか思えないでしょうが、ドッグファイト（戦闘機同士の空中戦）をするなら、僕は絶対にこのC型ですね」

忙しいビジネスマンだが、今までの飛行時間はどのくらいになるのか。

「2,300時間くらいでしょう。リアジェットなども操縦しますが、時間を計算したりしませんよ。あれは交通手段ですから。戦闘機の分しか飛行時間と思っていません」

「そういえばもう1機思い出しました。第一次世界大戦のブリストル戦闘機も持っています」

最初にいろんなビジネスをやっているという話であったが、この飛行機売買や修復もビジネスの一部なのだろうか。

「違います。これは、僕の悪徳のなせる完全なる趣味です。このために僕は一生懸命働くのですよ」

中にはオリジナルの機体をほんの少し使って「修復した」という人もいるが、自分はオリジナルとレプリカは完全にわけて考えていると語った。レプリカには興味がない、とも言い切る。

ダックスフォードの2番ハンガーには、ザ・ファイター・コレクションの飛行機がひしめいている。現在修復中のブリストル・ボーファイターは、オーストラリアから持ってきたそうだ。主翼だけが手つかずで、これはケアンズ沖で零戦に銃撃された痕だ、と大きな穴を指さし説明してくれた。

スティーブン・グレイ氏は、修復のポリシーを熱っぽく語る。まず機体は全部きれいにばらす。次に、管は全部ファイバースコープで検査し、他の部品も疑わしいものはすべてX線をかけてチェックする。

「僕は、オリジナルでないと興味がない。その当時の材質には、当時の思想や歴史背景があるからです」と言い切るだけあって、管を作る場合もその当時と同じ材質のものしか使わないそうだ。場合によっては合金を作るところからはじめるそうだ。鋲に至るまで、絶対にオリジナルと違うものは作らない、付け焼き刃の修理はやらないと繰り返し言う。こんな所まで、と思えるところまで気を配って、飽くまでもオリジナルをめざしている。例えば、ハーバードに常備してある救急箱は当時のもの、コルセアもたくさんあるが、オリジナル通りに主翼下面の一部が羽布張りでフラップに木材を使っているのは、うちのザ・ファイター・コレクション以外にはいないだろう、と胸を張る。昔との違いは唯一、防錆塗装の進歩だそうだ。さらに驚くのは、「禁止されているので、やらないけれど」と断りながら、実は機銃も爆弾もちゃんと装備するだけで、発砲したり爆撃したりすぐにできるとのことだ。

「まるで自家用の1飛行戦隊ですね。明日戦争になったら大活躍じゃないですか」というと、ワッハッハと嬉しそうに笑った。実はハンガーを歩きながら、さらにフィアットCR・42、ニムロッド、スカイレーダーを持っていることを思い出した次第である。

普段はジュネーブに住んで、世界を舞台に一生懸命働き、同時に飛行機のためならどこにでもでかける。飛行機は待っていても自分から来ないので、常に探す努力をしているそうだ。これこそ究極の、飛行機ファンには羨ましい限りの趣味ではないだろうか。

数多くの貴重な飛行機を保有、修復して飛行可能な状態にする、毎年何が飛行可能となるか楽しみである

飛行機こそ我が人生
Tony Haig-Thomas
トニー・ヘイグ=トーマス

イギリスの航空ショーに出てくる紺色のアベンジャーがある。これは、今回ご紹介するトニー・ヘイグ＝トマス氏個人所用のアベンジャーだ。彼はこれ以外にもジェット・プロボストとパイパー・スーパーカブ、合計3機を所有している。

　今は定年退職後の余暇としてスーパーカブを足代わりに、シャトルワース・コレクション（往年の名機を所有するイギリスでも最も有名な航空機博物館の一つ）のディスプレイ・パイロット兼コンサルタントとして活躍したり、希望の人にはジェット・プロボストで操縦を教えたり、頼まれて航空ショーに出演したり、正に「飛行機三昧」の老後を送っている。いや、老後と言うにはまだまだ若いエネルギーが充ち溢れた紳士だ。話している最中に若い男性が二人、犬を連れてやってきた。トニーの息子さん達でやはり自家用免許を持っているそうだ。

「この息子さん達は、貴方が洗脳したのですか？」と尋ねると、「その通り。私が洗脳したのでみんな操縦ができるし、飛行機が大好きです」と満足げに答えてくれた。

　インタビューは、アベンジャーの基地となっているスコードロンの食堂で行われた。

　まず最初に、どうして飛行機に興味を持つようになったのか、また操縦をどこで習ったのか聞いてみた。

「まず僕が小さい頃は戦争中で、空のどこを見上げても、飛行機がたくさん飛んでいたのですよ。飛行機が爆弾を落としたり、墜落したりドッグファイトしているのを目の当たりにしましたから、興味を持たない方が不思議なくらいでしたよ。

　8才から18才までは模型飛行機を作っていましたが、その後ＲＡＦに入隊したのです。

「模型飛行機はそれこそ、何でも作りました。でも僕の作った模型はいつも墜落して、ちゃんと飛べるのは遂にできませんでしたね」

「１９５６年にＲＡＦに入隊して、最初に操縦を習ったのがジェット・プロボストでした」

　普通は飛行機の操縦はプロペラ機からはじめ、なかなかジェット機には触らせてもらえないと聞いている。最初からいきなりジェットを教わったとは、驚きだ。

「そのころのＲＡＦは実験的に最初からジェット機で訓練させてみよう、ということだったのです。18名でスタートして、結局8名が操縦不適格ということで落とされました。9時間半で単独飛行にでましたよ。ところがジェット・プロボストのコースが終わった後、チップマンクでピストン・エンジンの操縦訓練をやったのです」

僕が小さい頃は、空のどこを見上げても、飛行機がたくさん飛んでいたのですよ。

　それでは、まったく通常の訓練の逆ではないか。当時のＲＡＦは、一体何を考えていたのか想像もつかない。

「ジェット機は引き込み脚、エルロン、酸素、エア・ブレーキなど操縦する前に考えなくてはいけないことがたくさんあるのですが、実際のハンドリングはジェットの方が簡単なのですよ。だから、僕はタイガーモスにもハーバードにも乗っていないのです。ただチップマンクを操縦することによって、飛行機のハンドリングや基礎訓練を受けましたが、操縦自体は、ジェット機の方が遥かに易しいのです。そのうち空軍は、高価なジェットで50時間から60時間操縦訓練をやってもだめだと気づいたので訓練も元に戻りました。僕はその後１９５７年にウィング・マーク（軍隊に於ける飛行機免許に相当）を貰って、バンパイアを操縦しました」

「実はその当時、空軍は無人戦闘機の時代になると勝手に決めつけて、政治的な問題ですが、それ以後は9ヵ月間もパイロットを養成しなかった時期があるのです。これではまずい、ということで新規に応募したパイロットに、たまたま僕がいたのです」

「その後、僕は戦略飛行隊に配属されて、ハンターを操縦しました。まだ20才の頃ですが、そのころのことは良く覚えていますよ。一応の計器の説明を受けてわずか30分足らずの飛行に飛び立ち、１０，０００フィートのところで全部のチェックを終わり着陸体勢に入るというのに気がついたら６，０００フィートまで降下していましてね、規定より４，０００フィートも下にいたわけですよ。それでも問題なくスムーズに着陸できたのはやはりジェット機の操縦が簡単なおかげです」

　ハンターの後は、何を操縦していたのか。

「ケンブリッジに行き、ミーティアを操縦しました。時代遅れになりつつあった戦闘機ですから誰も操縦したがらなくてね、だから僕が志願したのです。第二次世界大戦中の歴史的なジェット戦闘機ですしね。双発エンジンでしたからハンターとは随分違うところがあり、学ぶことは多かったですよ。結局、５００時間乗りました。バンパイアは高々度を飛べたし旋回半径も小さくて魅力的だったのですが、ミーティアは何と言っても双発ですから、早いんですよ。ところがこの部隊が結局解散になって、中東の部隊に配属され今度はベノムに乗りました」

　ベノムとバンパイアは外見が似ているが、具体的にどこが違うのだろうか。

「ベノムは一言でいえば、速いバンパイアでしょうね。５，０００ポンドの推力があるのですよ。アラビア半島の南アデンで経験したのですが、高度５８，０００フィートまで上がりまだ上昇を続けていましたからね、凄いです。その頃は、週に2、3日は爆撃訓練の日があって、腕を競ったりして楽しかったです。たまには、本当の爆撃にもでかけました」

これは60年代の話なのか。本当の爆撃とはどんなものなのだろう。

「そう、50年代から60年代にかけてまだあまりテレビ放送の無かったころですよ。共産軍と共謀している家があるということで撮影をしてその家を特定するわけです。しかしちょっとしたゲームのようなところもありましてね。僕たちがその村にビラを撒くわけです。この村の誰々の家をいつの何時に爆撃するぞ、と書いてあってね。そうするとアラブというのは木材が貴重ですから、扉や窓枠といった家の木材の部分を爆撃に備えて全部取り除くわけです。家の他の部分は泥ですから、そこらじゅうにあります。爆撃が終わると泥を固めて家を造り、また木材が同じ場所に戻されるというわけです。ですからほとんど人的被害はなかったはずです」

「英国に戻ってからは、空軍中将付きのパイロットになり、これが空軍での一番楽しい思い出です。ハンターやミーティアに中将を乗せてあちこちに行ったものです。デルタ翼、双発で夜間攻撃機のジャベリンというのを知っていますか？　あれも操縦しましたよ。翌年にはまだ当時新品だったキャンベラにも乗りました」

随分楽しそうだが、それで休暇に行ったわけではないでしょう、と念を押した。

「僕のホリデーは飛ぶことですから、いいんです。飛んでさえいれば楽しかったのですから。だから空軍在籍中に休暇を取ったことはありませんでしたね。そういえば、ある時海軍の基地に降りたら、美しいシーホークがあるじゃないですか。それまで見たこともなかったので『美しい飛行機ですね』と言ったら『乗りにきていいよ』と言ってくれたんです。嬉しくて、ある朝9時半にその基地に飛んで行き、シーホークを操縦しました。結局、4、5回は乗ったと思います」

何とこれがRAFにいた最後の仕事なのだそうだ。

「そうです。その後は1年だけ、サウジ・アラビア空軍に勤務したのです」

アラブ諸国ではパイロットなどを西側の国々から雇うことが多いのは知っていたが、まさか空軍までが戦闘機パイロットを雇っているとは初耳であった。

「サウジ・アラビアでは、ハンターに乗っていました。それからライトニングが入ってきましたので、少し操縦しました」

「英国に帰って、タイガー・クラブと関わるようになりました。友人のニール・ウィリアムズとズリン226というのを買いまして、これを持って二人で1966年にモスクワで開催されたアクロバット選手権に出場したのですよ。僕にとってアクロバットは頭痛の種となりました。毎日くる日もくる日も飛行の練習ばかりで、アクロバットをやっていると何をする時間もなくなるのです。人生全部飛行機でもいいのですが、やはり少しはガールフレンドの分も時間がなくては人間としていけません」とため息をついた。

注：ニール・ウィリアムズは後の英国チャンピオンになった。

「そのころ英国にはデ・ハビランド・モスがありませんでしたが、アメリカでは随分安く売買されていたのです。それでアメリカに行っては1機買い、10年かかってデ・ハビランド・モスのコレクションを揃えました。タイガー・モス、ジプシー・モス、フォックス・モス、プス・モス、レパード・モス、モス・マイナーを揃えて、編隊で飛ばしそれを撮影しました。ところが維持する費用が嵩んで大変になってきましたので、すべて売却してしまいました。全部売れたときは、人生最良の日となりましたよ」

アベンジャーは、
大きなピストン・エンジンを操縦するのを
覚えたいと思って買いました。

ところで、シャトルワース・コレクションとの付き合いは長いのだろうか。

「かれこれ25年、シャトルワースにある飛行機を操縦しています。シャトルワースの素晴らしいところは、1909年から初期のハリケーン、スピットファイアのころまでに活躍した約40機がオリジナル・コンディションで集められていることです。昨年だけで22機種230時間乗りました」

現在は定年退職したそうだが、一体職業は何だったのか。

「以前はロンドンで会社の経営をやっていましたが、今は定年退職して、飛んでばかりいます。ビジネスのお陰で、今持っているアベンジャーやジェット・プロボストを買うことができましたから」

今現在は、何機所有しているのか。

「実は今、持っている飛行機を売ろうとしているところなのです。息子達が飛ばしているハーバードは先日売れました。それから、今日も飛んできたパイパー・スーパーカブは、僕にとっては足代わりのようなものです。10年前に購入したアベンジャーは、大きなピストン・エンジンを操縦するのを覚えたいと思って買いました。アベンジャーのエンジン・コントロールは非常に難しいのです。ピストン・エンジンとしては最終段階の2、000馬力級のエンジンが搭載され、オイル・クーラー、スロットル、ミクスチャー・コントロール等など、すべてをうまくハンドリング出来たときの壮快感は何物にも代え難いものですよ。ただし、失敗するとすぐに壊れて、高いものについてしまうんです。

そういえば、僕の仕事仲間で東京の事務所にいた人は、戦争中零戦でアベンジャーを撃ち落としたというんですね。だから『今度イギリスに来たら僕のアベンジャーに乗せてやる。そうすれば撃ち落とされた気持ちが分かるだろう』と笑いましたよ。でも、僕が好きなのはやはりジェット機です」

自宅はかなり離れたノリッジにあるのだが、飛行機でやってくればそんなに遠くはない。スコードロンにはしょっちゅう来ているそうだ。

「今日はそこにいる人がチェコ製の練習機を買ったので、来週僕が操縦してから教えることになっているのです。それ以外にジェットの操縦を二人に教えていますので、その度に来ています」

定年退職後の生活としては、何とも羨ましい毎日である。

「たぶん日本とは違うと思うのですが、イギリスでは軍隊で使用していたジェット機が民間に払い下げられ、値段は安いしメンテナンスも素晴らしいし安全で非常に人気が高いのですよ」

しかしジェット機は、いくら安くても操縦やメンテナンスを考えると手が出ない、と答えると、間髪を入れずに驚くべき答えが返ってきた。

「もし君が操縦を覚えたければ、スイス空軍が、ハンターをタダでくれますよ」

今までに数多くのジェットやプロペラ機に乗ったと人生を振り返る

たとえば今所有しているジェットプロボストは、買うとすればいくらくらいするものなのか。

「僕は25,000ポンド（約500万円）払いました。一年の保険代・メンテナンス、燃料費を全部計算しても、6,000ポンド（約120万円）ですから、安いモンです」

「ところで、日本では古い飛行機はどれくらい飛んでいるのか」と逆に質問された。残念ながら戦中の飛行機はまったく飛んでいないし、飛行可能な日本の飛行機は1機も無い、と答えた。

「あれほどの素晴らしい飛行機をたくさん作った国じゃないですか。もったいないですよ。個人が簡単に飛行機を購入したり飛ばしたりできるようにならないと、だめです。非常に残念ですね」

現在63才のトニー・ヘイグ=トマス氏には双子の息子さんがいる。二人とも操縦免許を持ち「父親のために息子が飛んでくれることは、このうえない幸せだ」と語ってくれた。同時に「今は喜んで飛びすぎて、僕の所に燃料代やらたくさん請求書が回ってくるので、大変なんですよ」と言って笑った。

一番好きな飛行機はやはりハンターだろう、と言った。総飛行時間は110機種で4,000時間だそうだ。6,500ソーティーだよ、と出撃回数も教えてくれた。

ファントムから古典機まで

Mark Hanna

マーク・ハンナ

マーク・ハンナは、先に登場したレイ・ハンナ氏の息子である。親子そろってRAFの出身で、ファントムのパイロットだった。スティーヴン・スピルバーグの映画『プライベート・ライアン』の撮影の待ち時間の合間を縫って、ダックスフォードの滑走路脇にあるピクニック用テーブルでインタビューに答えてくれた。

マークは『007』シリーズにも登場する。映画の撮影では、実際にどれくらい飛行をするのだろうか。

「今朝は6時半に起きて最終打ち合わせに行き、午前11時から撮影ということになってたんだけど、もう12時でしょう。映画はいつも打ち合わせどおりにいかなくて、待ち時間が長いのは辛いね」

お父さんはイギリスで最も有名なパイロット、当然のごとく飛行機漬けで育ったに違いない。息子としての圧力を感じているのだろうか。

「母が未だに言うのですが、僕がたぶん4才くらいの時から、父の友人が来ると目隠しをされて飛行機のプラモデルを触って機種を当てる、ということをしょっちゅうやらされていたみたいなのです。玩具もぜんぶ飛行機関係で、プラモデルもたくさん持っていましたから、こういった完全な洗脳状態でほかのことをやろうと思わないし、またやれなかったことは間違いありません」

親が好きなものを子供が好きと限らないが、マークは飛ぶことが中心の今の生活をどう思っているのだろうか。

「敷かれたレールをそのまま進んできたのですが、後悔はありません。最初に、操縦を習ったのは僕たちが父の仕事の関係で（当時キャセイ航空の機長）香港に住んでいたころです。フィリピンにいた父の友人が、米海軍の練習機ビーチT-34を払い下げてもらい、それで練習しました。16才で初飛行、17才でソロ飛行をしましたが、父の友人が免状を持っていたわけではないし、僕も仮免の申請をした覚えがないので、今考えると完全に非合法だったみたいですね、ハハハ。フィリピンの中央よりちょっと南の今はリゾート開発もされているみたいですが、珊瑚礁海域をものすごい低空でしょっちゅう飛んでいましたから、楽しかったですよ。それに、僕は歴史や地理にも興味があって、日本軍と米軍の海戦したところとか、ここでは日本の戦艦武蔵が沈没したというところを飛んだのでで、感慨深いものがありました」

「学校を出てすぐにRAFに志願しました。1977年ですからまだ東西冷戦まっただ中で、真剣に自分が命を賭けて飛べるか悩んだものです。実際に入隊した後は、（当時の）ソ連についていろいろ学んだり、同時にアフガニスタンの侵攻があったりしてますます悩むことになりました」

誰もがあこがれるRAFの戦闘機パイロットになるのは、どれくらい難しいものなのか。

「僕と同じ年にパイロット訓練を始めた者が全部で18人、うち半分しかパイロットになれず、しかも戦闘機に乗れたのは僕ともう一人だけです。訓練も厳しかったのですが、父がRAFで有名な戦闘機パイロットだっただけに、いつヘリコプターや爆撃機・輸送機のパイロットに命令されるか、びくびくする毎日でしたよ。家に帰り『お父さん、僕はシャクルトンに乗ることになったよ』とは、口が裂けても言えないと思いました」

「僕は学科が今ひとつでしたから、苦労しました。でも、飛ぶ方はかなり自信がありましたから、どうにかこなすことができたのです。RAFの教官というのは、『一つできると次』という風に次から次へと圧力をかけてくるのです。あのころの訓練どおりに飛べといわれても、もう無理でしょうね。RAFのパイロットには二つの大きな要素が要求されます。一つは飛ぶことに対する情熱、もう一つは年齢を重ねると難しくなるのですが、とくに戦闘機乗りには『コントロールのきく攻撃性』が求められるのです。RAFの良いところはそれほど成績が良くなくても戦闘機に乗りたいという情熱が伝われば、教官をはじめみんなが『どうにかしてやりたい』と協力して援助してくれることではないでしょうか」

「ジェット・プロボストの次はホーク、それからRAFとしては最後のハンターの教習を受けることになりました。遠くに行くだけでも気が滅入りましたし、当時出来たばかりのガールフレンドと別れなくてはいけなかったので、奈落の底に突き落とされるような気がしました。でも、ハンターの訓練は、ほんとうに楽しかったです。ホークも上級用練習機ですから面白かったのですが、ハンターは本物の戦闘機で僕の望みを叶えてくれたようなものでした」

それから、すぐに戦闘機乗りになれたのですか。

「RAFでは、希望の機種を申請するようにいわれてましたので、僕はいつもファントムと、書いていました。当時最高の戦闘機でしたから、ハンターの訓練が終了するとあと1週間という時に、それぞれの名前が呼ばれ次の訓練を言い渡されました。僕は最後に呼ばれてお前はジャガーだと言われました。僕はものすごく落胆して、でも勇気をふり絞って再度上官を訪ね『誠に遺憾ですが、私はどうしてもファントムに乗りたいのです』と頼みました。上官は、苦虫を噛んだような恐い顔の人でしたが『何を言うんだ。ジャガーは素晴らしい飛行機だ。外にいる整備員とよく話してから考え直してこい』と突っぱねられました。
当時の訓練基地にはジャガーもあり、整備員と話した後『やっぱりファントム以外は考えられません』ともう一度頼みに行ったんですよ。それでも断られました」

当時はファントムの訓練コースが込んでいて、何ヵ月も待たなければ空きがない状態が続いていたそうだ。それでRAFとしては、パイロットを全員有効に使うための措置だったということらしい。

「ところが訓練最終日の前日、僕一人が上官に呼ばれこう言われました。『俺は昨日お前の夢をみた。ジャガーを墜落させる夢を』というのです。上官曰く『命令だ。訓練終了後1ヵ月は休暇、その後2ヵ月ハンター訓練にスタッフとして参加、その後1ヵ月休暇。それからファントムの訓練に入る。どうだ?』『ありがとうございます』とお礼を言い、嬉しくて嬉しくて信じられませんでした。この日のことは一生忘れられません」

上官に魔法でもかけたに違いない、と言うと

「たぶん、無意識にね。とにかく幸運の一言に尽きます。ファントムだけで合計1,200時間乗りました。英国にはファントムが3種類ありました。まず僕が乗っていたのは、ファントムのF-4K(FG・1)で海軍から空軍へ回ってきたものでしたからかなりくたびれていました。やっぱり空母搭載の飛行機はどうして

父には内緒ですが、
レッド・アローズで飛んでいたときのナットを購入して
当時の塗装にするつもりです。

も潮風にやられますからね、でも良いところもありました。米軍のと比較すると、エルロンがぐっと下がるようになっていてそのせいで低速での飛行が簡単なのです。また尾翼のスロットのせいでピッチもやりやすいのです。それから僕たちは一度も使わなかったけれど前脚が伸びるようになっています。ロールスロイスのスペイ・エンジンはパワーがあるんですがターボファンだし、F4-Kは幅広で空気抵抗が大きく、15,000フィートまでの速度はパワフルですごいのですが、15,000フィートから20,000フィートまではジェネラル・エレクトリックJ79搭載機種と同じくらいのスピード、それ以上になると米軍のファントムに速度では負けてしまいます。そのころは、RAFが世界最強のファントムだったので僕たちも嬉しかったもんですよ。ところが2年くらい経つと、F-15やF-16なんかがでてきて、ドイツ軍はファントムにF-18のレーダーを搭載したりしたもんだから、RAFはあっと言う間に時代遅れになってしまいました。ロッキードF-104スターファイターよりちょっとましという程度ですから、僕たちはものすごく落胆したものです」

「とにかくF-4Kに2年ほど乗って、それからはF-4M、英国ではFGR・2というのですが3年乗りました。それでもファントムは、未だに低空で800ノットという計器速度の最高記録を維持しているのですから素晴らしい戦闘機だと思います」

RAFから現在の会社、オールド・フライング・マシーン・カンパニー(OFMC)を設立するまでの道のりを聞いた。

「RAFには結局11年間勤めて、1988年末に辞めました。父はムスタングなど2、3機持っていましたので、僕も休みになると飛ばして楽しんだりしていたものです。ところが、80年代前半には数が増え、趣味の領域では維持できなくなりこれを会社組織で運営することになったのです。多分それからずっと今まで、社長ということになっています。88年には10機以上を所有して、それ以来『悪循環』が続いているわけです。飛行機を維持するお金を得るために飛ぶ、という悪循環です。純粋な趣味で飛んでいたときとは違って、やはり面白味が減るのは否めませんね。残念です」

OFMCは、ダックスフォードのハンガー(格納庫)一つを占領するほど飛行機を並べている。所有機数はどのくらいなのか。

「数えたことは無いけれど多分32機くらいでしょう。とんでもない数ですよ。ハンターが8機、スイス空軍から得たものです。これを使って軍との共同訓練かなにかをやろうとしているところですが、うまくいかなかったら、ハンターがたくさん競売にかけられることになります。(笑)

それからドイツの友人が寄付してくれたミグ21、ミーティア8、ミグ17なんかね。僕はこれを10機くらいに減して、維持しやすいように、そうすれば自分ももっと楽しめるようになると思うのです。ムスタングは1機、シーフューリーは最近アメリカに売れました。そうそう、ハンガーにあるファントムを見た? あれは国防省からたったの4,000ポンドで買ったんですよ」

国防省が民間人に戦闘機を売却することがあるとは、日本では考えられない。飛行不可能な状態にしてあるのだろうか。

「もちろん、飛べる状態で買いましたよ。ただし『飛ばしてはならない』という条件付きでね。僕の知る限り、個人所有の唯一のファントムですよ。しかも僕がフォークランドにいたときに、6回操縦しているファントムなのです。今でも、年2回はエンジンをかけています。さっきミーティアがあるといいましたが、あれは父が61年ころに操縦した実機なのです。どうやって買ったかと言えば、

いろいろな飛行機の航空ショー出演が、パイロットの操縦技術とともに観客を魅了する

RAFのスクラップリストがあるのですが、これを入手できるのはRAFが大丈夫だと認めてくれた人だけなのです。ファントムなんかは、未だに立派な戦闘機として使えるわけですから。RAFはOFMCがここでやっていることに非常に理解があるので、僕は購入するのに問題ないわけです。さっきのスイスからきたハンターですが、これにはまだチャフやフレアも入っているし、爆撃装置も十分使えます。だから、国防省としては、これをボスニアなどに売却しない人を選ぶわけです」

「ファントムやミーティアを持っているのは、個人的なセンチメンタルな理由ともう一つ、この世に1機ずつは残したいと思っているからです。20年後くらいには、誰かが感謝してくれるかもしれないしね。それから、父には内緒ですが、父がレッド・アローズで飛んでいたときのナットを購入して当時の塗装にするつもりです。ある日、知らない父がハンガーでこれを見つけるのが楽しみです」

　航空ショーの期間中は毎日引っ張りだこのOFMCだが、どんなところに出かけているのだろうか。

「最近は近くの米空軍が次々撤退したので航空ショーが少なくなり、たいへんです。でもポーランド、チェコ、スカンジナビアなどヨーロッパ中に行きました。4月から10月までは、週7日働いていますよ。疲れました。10月が待ち遠しいくらいです。でも、冬の期間は飛行機で稼げることが少ないし、10人のスタッフの給料も払い続けなければならないしね。冬には重点的にメンテナンスもするし、保険代も払い続けるわけで、結構やりくりがたいへんなんですよ。燃料代も相当上がったしね。そのうち、自分の航空博物館を持ちアクロバット・チームを持ちたいという夢でしたが、実現するのはさらに難しくなっています」

　ところでマークの一番お気に入りの飛行機を聞いてみた。

「難しい質問です。それぞれ違った理由で何でも好きなのですが、一つ挙げるとすればやはりスピットファイアです。僕はロータリーエンジンのブレリオも操縦したことがあるのですが、あれもなかなかよかったですよ」

「あるノルウェー人が、北スコットランドから南西ノルウェーまで5時間かけてブレリオで横断したのですが、なんと第一次世界大戦が勃発した前日で、本国でしかニュースにならなかったという気の毒な記録です」

　ところで、OFMCのハンガーには、まだ組み立てていない零戦がある。

「持ち主は公表できませんが、アメリカ人です。OFMCが預かって、現在『栄エンジン』がロシアから送られるのを待っているところです。到着次第ちゃんと塗装して、できれば飛ばしたいと思っているのですが。ロシアで修復したものは、英国ではあまり信頼性がないとみられるのです」

　そのうちOFMCの飛行機が日本の空を飛ぶのを見てみたいものである。

「日本の規制は厳しいのですか？僕たちもいろんな飛行機を持っていって、日本ですばらしい航空ショーができれば、これほど嬉しいことはありません。一日中楽しめる一大ページェントをお見せできますよ」

　2年に1回は、ニュージーランドのワナカで開催される航空ショーに出演している。日本はその途中だから、何も問題はないと言った。

　総飛行時間は約4000時間。4月から始まる航空ショーを前に、現在休養中といったところだ。

Nick Grey

父親譲りの戦闘機マニア

ニック・グレイ

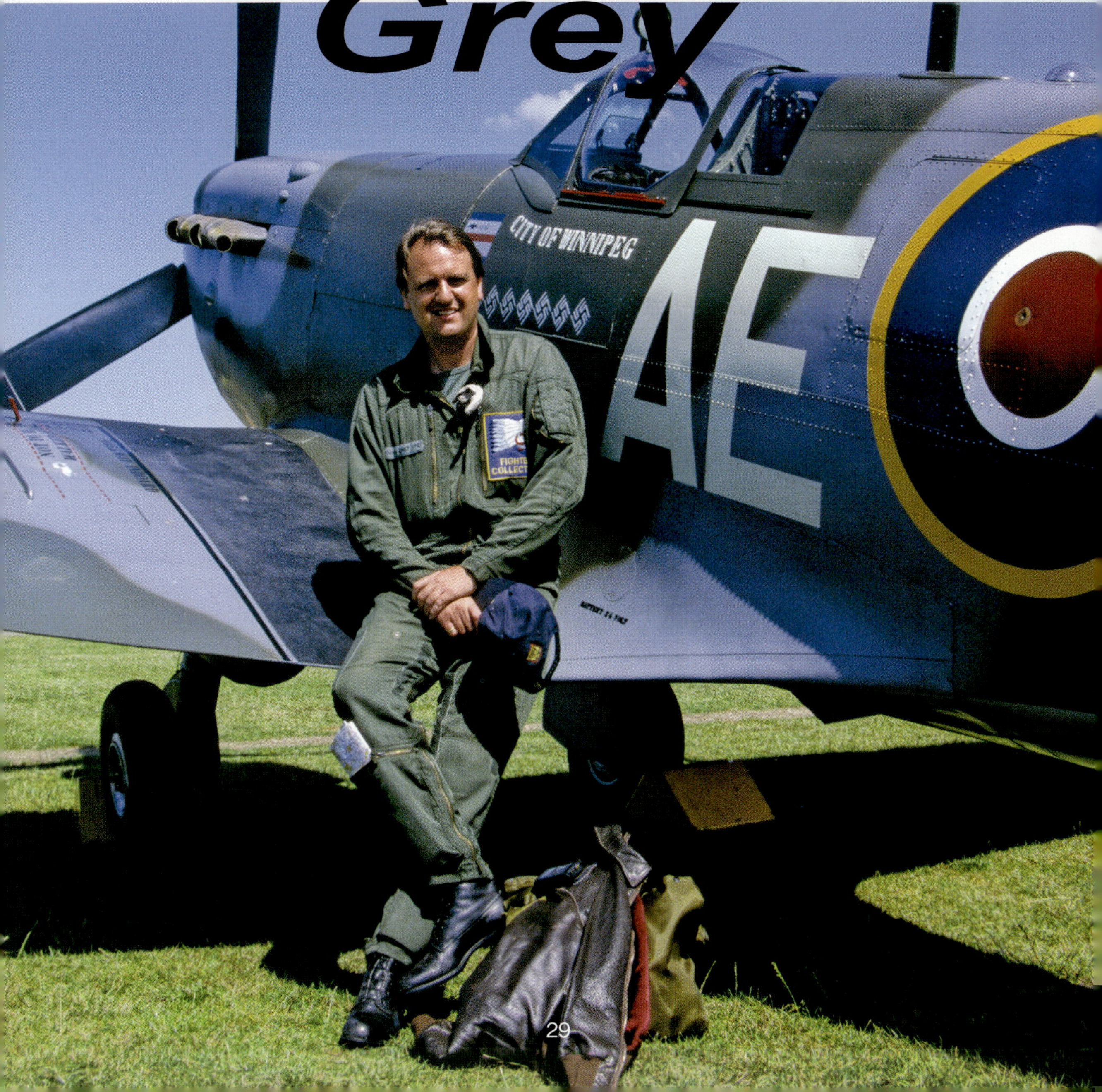

今回ご紹介するのは、スティーブン・グレイ氏の長男ニック・グレイ氏だ。父親譲りの堂々たる体格は、身長190センチを越える。ダックスフォードで一番の所有機数を誇るザ・ファイター・コレクションはニックが社長だ。

ザ・ファイター・コレクションの公称所有機数は、飛行可能なものが15機、修復中が3機となっていて純然たる地上展示は1機もない。実は倉庫にまだ修復を待っている飛行機が数十機待っているのだ。現在はブリストル・ボーファイターがもう少しで修復を完了し、いよいよ零戦か隼の番が回ってくる。父親のスティーブン同様ニックも戦闘機を持っていると言うより、飛ばすことを生き甲斐としているのだ。

真夏日となったフライング・レジェンド航空ショーで忙しい中、喧噪を離れて滑走路脇に駐機したスピットファイアの翼を日傘にして、インタビューを行った。

ニックが飛行機と関わりを持ったのは、当然戦闘機マニアの父スティーブンの影響が大きいに違いない。

「僕が7才のとき小型機に初めて乗りました。父が複葉機スタンプに乗せてくれたのです。しかし、最初の飛行だというのにアクロバットでぐるぐる回ったり急降下したり、僕はすぐにものすごく気分が悪くなってしまったのです。本当にひどく酔ってしまいました。それでも、後で思い出すと飛行機の素晴らしさが十分に理解できました。ロンドン南にあるレッドヒルの飛行場だったと思います。当時レッドヒルにはアクロバットのチャンピオンだったニール・ウィリアムズなどもいて知り合うことができました」

その当時の生活のにおいがします。

子供の頃に飛行機に乗ると、もの凄いカルチャー・ショックで忘れられないようである。マーク・ハンナのように洗脳されてしまったのだろうか。

「その後はあんまり飛びませんでした。父も仕事が忙しかったし金銭的余裕もなかったのです。それに、家族で1977年にはスイスに移りましたから。僕が次に父に連れられて乗ったのはスイスで、15～16才のころだったでしょうか。それ以後、ハンガーをうろうろしたり飛行機と接することが多くなっていったのです」

現在もスイスに在住するグレイ一家だが、免許もスイスで取得したそうだ。

「元軍隊にいたパイロットからパイパー・カブで習いました。その後ビュッカー・ユングマン、ユングマイスターと進みました。18才で免許を取り、19才の時に父が『これから一人でダックスフォードへ飛んで行きなさい。大丈夫だから』というのです。僕にとってはエポックとなる重大な出来事でした。まだ飛行時間は49時間でした」

スイスからイギリスとは、19才の免許取り立ての男の子にはとんでもない冒険だったに違いない。

「出発したのはチーズと同じ名前のグイエール飛行場です。芝の滑走路で、とにかく6時間か6時間半かかったのですが、一生懸命自分でナビゲーションをやってあっという間に到着したような気がします」

「他のことなど考える暇なんかありませんでしたよ、忙しくて。ユングマイスターには無線も航法装置もついていませんから、コンパスと地図、ストップウォッチ、自分だけが頼りでした。7月だというのに視界は最悪で天気は悪いし、一生懸命できるだけ早く計算をして目的地に向かっているかどうかを確認しながら、とにかく疲れ果てました。戦争中も大した計器が無くてこんな風に飛んでいたのでしょうから、戦中と同じように教育されたのですね。父は自信があったようです」

どの様な航路を辿ったのだろうか。

「途中2ヵ所で降りました。最初はフランスのトロワ、次がルトゥケ、それからが天気が悪くて大変でレッドヒルに降りたのです。次がビギンヒル。目的地に着実に近づくのですが、とうとうブッカーまでついにはダックスフォードに到着しなかったのです。本当にこの旅は疲れ果てました」

「20歳の時に初めて第二次世界大戦機を操縦しました。P-40カーティス（キティホーク）です。しょっちゅう操縦するようになったは24才以後です。父が毎年誕生日のプレゼントにカードをくれるのですが、それに『今年は○○を操縦して宜しい』と書いてあるのです。素晴らしい誕生日プレゼントでした。それからです。ずっと第二次世界大戦の戦闘機を操縦するようになったのは」

総飛行時間はどのくらいなのか、また何機種を操縦したのだろうか。

「650時間くらいです。何機種操縦したかわかりません。うち350時間は第二次世界大戦機なんです。ほとんどが航空ショーですから、2千回は離着陸しているはずです。P-40の後は、スピットファイア、ハリケーン、コルセア、ワイルドキャット、ベアキャット、ヘルキャット、ムスタング、キングコブラといったところでしょうか。一番好きなのは、このスピットファイアです」（とMkVを指さした）

「世界中に残っている第二次世界大戦の戦闘機のうち、最も歴史的価値が高いものです。フォッケウルフFw

190を2機、メッサーシュミットBf109を1機を含む9機撃墜、作られてから今までずっと同じ機体です。これこそ動く歴史なのです。カナダ軍(当時はイギリス軍の一員)が使っていたので名前がシティ・オブ・ウィニペグとなっています。素晴らしい飛行機ですよ。実は今回は友人を連れてやはり同じグイエールからパイパー・カブで飛んできたのです。今回は7時間かかったのですが、面白いので19才の頃を思い出してトロワ、ルトゥケに着陸してみたのです。天気も良いし楽しかったのですが、最初のフライトのように疲れませんでした。簡単すぎました」

イギリスの航空ショーへ出演するときは、いつも自分で操縦してくるのだろうか。

古い戦闘機には歴史があり、

「いつもは通常のエアラインを利用しますよ。僕は計器を見ながら長距離を飛行するのは面白くないのです。単なる機械の操縦ならシミュレーターでもできますからね。簡単ですし」

全く親子というのは似ているものだ。ニックは常に『自分は父とは違う』と言っているし周りもそう見ているのだが、飛行機の趣味は父親のスティーブンにそっくりである。戦闘機の分しかログブックに書き込ない、という話をすると驚いて嬉しそうな顔をした。

「えっ、そうですか。それは知らなかったなあ。僕もログブックに関しては同じです」

大戦機を操縦して、一番良かった思い出を聞く。

「素晴らしいことはたくさんあって話し切れません。たとえばスピットファイアで大陸の方へ航空ショーへでかけるとき、30機、40機で編隊を組んでアルプス上空を飛んでいる光景は筆舌に尽くしがたいほど感動的なのです。そういった経験は何百とあります。フランス、イタリア、チェコなんかに航空ショー出演のため飛んでいくのです。でもヨーロッパが限界でそれ以上は行きませんが」

そんなに良い経験ばかりあるはずがない。恐い経験があるか聞いてみた。

「一度、このダックスフォードでP-40（キティホーク）を操縦していたときにありました。今もファイター・コレクションが持っているP-40です。ある日曜日、友人を乗せて飛び上がりました。こういう時に限って無線が使えず、信号だけでコントロールタワーと交信したのです。つまり、ビーと一回鳴らすと『イエス』で、ビビーと二回鳴らすと『ノー』という意味です。3,000フィートまで上昇して宙返りをやったりロールをうったりしているうちに操縦桿がまったく引けなくなってしまったのです。100フィートまで降下して左右と前には行けるのですがどうしても操縦桿が引けません。ギアを下ろすとノーズが下がってしまうので、ギアも下ろせませんでした。ギアを出せるギリギリのスピードより30マイルも速い170マイルでどうにか機体を水平に保つことができたのです。燃料もあと20分ほど残っていました。それで、コントロールタワーの近くでビビビ・ビービービービービとSOS信号を出しました。メイデー（航空機や船舶が発進する救難信号）です。コントロールタワーからは、『P-40、ビー一回と二回、イエスとノーですね』と変なことを返答してきたのです。

後ろの友人は戦闘機に乗るのも初めてのうえ、大問題が起きていると説明していましたので恐怖のどん底だったでしょう。何度もSOSの信号を出しているうちに、マーク・ハンナがハーバードから交信しているのが聞こえてきました。『タワー、こちらは地上待機中のT-6だけど、それはイエスでもノーでもなくてSOSだと思う』それでコントロール・タワーがやっと『P-40、さっきからの交信はSOSか』と聞いてきたので、思いっきり強くビー(イエス)を鳴らしました。そのうち、マークがT-6でそばに来てくれ、状況をどうにか説明したのです。操縦桿が固まって動かせなかったのですが、そのころには燃料もなくなっていたのでとにかく飛行機を無理矢理降ろすことにしました。

遠くから水平にアプローチしましたが、一回目は170マイル以下にスピードを落とすことができませんでした。二回目はさらに水平にアプローチしてスロットルを絞りスピードダウンをした途端飛行機はボンと激しくノーズが下がりますから、死ぬ思いで操縦桿を引いたのです。飛行機はもの凄いインパクトで滑走路真ん中あたりにタッチしたのですが、何と左のブレーキも利きませんでした。それでどうにかもう一度飛んでくれと祈りながら急旋回をして、再度アプローチをして着陸しました。燃料はあと4ガロンしか残っていませんでした。

後でわかったのですが、原因は僕のヘルメットについていたナットが一つ緩んでいて、ロールをうったりしているうちにそれが外れてフレームとコントロール・シャフトの間に落ちてしまったらしいのです。一番最後に必死で操縦桿を引いたときに、そのナットを完全に潰してしまったらしく、フレームの一部が壊れてしまいましたが、本当に危機一髪のところで助かりました。怖いのは時間があったので、どういうことになるかという想像が十分についたことでしょう。パラシュートで脱出することもできないし、あのスピードでむりやり降りたら飛行機がひっくり返って火災になり、自分たちも危なかったのですから」

第二次世界大戦機の魅力を聞く。

「あの時代の素晴らしいテクノロジーとか雰囲気がこの戦闘機に反映されているのです。戦争に使われたとかそういった非難をしたり汚名を着せたりすることと、時代の産物としての戦闘機やそれに乗って戦ったパイロットは別の目で見なくてはいけません。日本は違うのですか？ ホンダやヤマハだって自動車やオートバイを作る前は、プロペラを作っていたでしょう。三菱や川崎も素晴らしい戦闘機を作っていたじゃないですか。そういったことを日本人は素晴らしいと評価しないのですか？」

「新しい戦闘機には生命が無い気がするのです。これらの古い戦闘機には歴史があり、その当時の生活のにおいがします。それが好きなのです。設計者の性格を反映してそれを感じることができます。素晴らしいことです。今の戦闘機は会議の結果作られたという感覚があるのですが、この時代のものはすべてが人間そのものなのです。スホーイ27とかミグ29も操縦しましたが、面白くありませんでした。簡単に言えば手書きの素晴らしさとレーザープリンターで打ち出された書類の違いみたいなものです」

新しい戦闘機には生命が無い気がするのです。

ところで毎年盛況のフライング・レジェンドだが、主催者としての苦労も大変なようだ。

「うーん、一番難しいのはホテルとかタクシーの予約ですね。馬鹿な話です。今回も二週間前になってホテルから急に90名のうち30名分がダブルブッキングで取れなくなったと言ってきました」

最後に気になる隼と零戦の修復について聞いてみた。確か父親のスティーブンは、近々修理して何年か後には編隊で飛ばすと約束してくれたのだ。

「今年は是非オスカー（隼）の修理にかかりたいと思っています。その時にはお知らせしますから、見に来てください。飛ばしますよ」

すでに第二次世界大戦機の航空ショーとしては世界一の規模になっているフライング・レジェンド。私たち日本人にとっては日本機の参加が待ち遠しい。

華麗な航空ショーは入念な整備から

Paul Warren-Wilson

元ハリアーパイロットに聞く

ポール・ウォレン・ウィルソン

ポール・ウォレン・ウィルソンの名前を初めて聞いたのは、１９８４年のことだった。ロンドンの東北約30キロにあるノースウィールド飛行場で行われた爆薬などを使った大がかりな航空ショー「ファイター・ミート」の主催者だったからである。

当時の「ファイター・ミート」は、主催者がＲＡＦのパイロットだったポールに友人のジョン・ワッツ、航空写真家として有名だったアーサー・ギブソンの3人が共同運営していた。その面白さは、ＲＡＦ、民間を問わずありとあらゆる飛行機が出演し、また航空ショーの演出もすばらしく、模擬爆弾での迫力ある空爆、零戦に扮した敵機との空中戦など、観客を魅了して止まなかった。

久しぶりに会ったポール・ウォレン・ウィルソンは、以前より若く見えた。そういえばヒゲがない。

「若いうちはよかったけど、トシをとってきたので、若返り作戦ですよ」

まずパイロットになったきっかけを聞いた。

「パイロットはどこの誰でも同じだと思うけど、生まれつき飛行機を好きになる運命をもって生まれたと思うのです。自由に空を飛んで、３次元の空間を操れる魅力は計り知れないものがあります」

「僕は英国生まれですが、両親の仕事の関係で幼いころ5年間をオーストラリアで過ごしました。キャンベラの週末は航空ショーでも見ながらのピクニックが恒例になっていたのですよ。１９６５年当時、バイカウントやフォッカーのフレンドシップが飛んでいたのを思い出します。今、僕が同じフレンドシップ系列のフォッカー50を操縦しているのですから、感慨深いものがあります」

「ＲＡＦに入隊する前は、エアー・トレーニング・コーに通いました。そこでグライダーを学び、17才のころにＲＡＦのフライング・スカラシップを貰い、飛行学校でセスナ１５０での飛行を30時間習いました。その後オックスフォード大学に入学、飛行クラブにも入り、徐々に飛行時間を伸ばしたのです」

名門オックスフォード大学では物理を専攻したそうだ。同じころのオックスフォード大学には、首相のトニー・ブレア、ミスター・ビーンのロウアン・アトキンソンらがいる。

ＲＡＦからスカラシップを貰っても必ずしも入隊する義務はない。まして名門のオックスフォード大学を出て、なぜ空軍へ行く決心をしたのだろうか。

１機の飛行機を熟知することが楽しみであり、喜びだ。

「卒業後2週間たって気づくと、僕にはまだ就職先がありませんでした。それで、このまま飛んでいるのもいいんじゃないかな、とＲＡＦへ入隊することにしたんです」

ＲＡＦでの飛行歴を聞く。

「最初はブルドッグで基礎訓練を受けました。ジェット・プロボスト、それからホークと進んできました。その後ジェット・プロボストの教官をやり、たくさん飛行もできたし、この時代は本当に楽しかったです。それから、もう一度ホークのリフレッシュコースをとり、ハリアーへと移りました。最初はＧＲ・３、教官になってＴ・４、そのときにＧＲ・５がでてきました。ＧＲ・５は2世代目のハリアーですが、翼もずいぶんよくなっていましたし、操縦性も向上し、攻撃性能も1世代目よりははるかによかったです。最初は、短距離の限られた能力だったのが、同じハリアーとは思えないほどの順応性を持ち、長距離でも何でもこなします。本当にすばらしい飛行機です」

ハリアーはほかの戦闘機より操縦が難しいといわれる。訓練は、どこが違うのだろうか。

「ハリアーは空中で停止することができますから、ほかの飛行機とは大分違います。訓練の最初はガゼル・ヘリコプターで2時間ずつの飛行を3回、合計6時間からはじまります。空中で停止しては飛行することに慣れるためです。あと、ハリアーの着陸地点にはマーキングがありますので、実際に着陸するときにはそれが真下にあるので見えないわけです。だからヘリコプターの要領で着陸地点にアプローチする前に、よく下を見ておくことが必要なのです」

「ハリアーで一番危険なのは、ホバリングから推進力をつけて、普通の飛行へ移るときかも知れません。ペガサス・エンジンの噴出方向を変えながら、同時に翼端の吹き出し口からの噴流でバランスをとりながら前に進むのは、普通ではありませんからね」

ハリアーの得意戦法ＶＩＦＦについて聞いてみる。

「ＶＩＦＦは、魔法の戦法です。ハリアーがＶＩＦＦができるというだけでどんな戦闘機も警戒するわけです。空中でホバリングできるのですから、ほかの飛行機がストール（失速）するくらいに極端にスピードを落として、相手の後ろにつくことができます。また、スピードを落とした後、完全な方向転換が容易にできるのです。敵とドッグファイトになったときには、自分がどういうＶＩＦＦができるかではなくて、敵がほかの戦闘機などにはみられない動きをするだろうと怖がってくれることが、最大のメリットなんですよ」

今までに恐い経験はあるのだろうか。

「ハリアーに乗っているとき、機体に雷が落ちたことがありました。マニュアル通りに慌てず騒がずエンジンを止め、再始動しました。高度が１０,０００フィートでしたから、少しの間はグライダーになっていましたが、無事降りることができたのです」

ところで、前述の「ファイター・ミート」は、ポールの友人ジョン・ワッツがトーネード事故で亡くなったあと、アーサー・ギブソンも他界、主催者も変わり遂にポールも手を引いた。

「ファイター・ミートを始めたのは、面白かったからです。僕もジョンもアーサーも飛行機が好きで、とにかく面白い航空ショーをやろう、ということで意見が一致したのですよ」

RAFは、空軍のパイロットがこういう一般の航空ショーに関わるのをどうみているのだろうか。

「何であれ飛行機に関することなら知識も経験も増えるわけですから、RAFの上司は奨励してくれました。ただ、隊の人達に迷惑をかけられないので、休暇をやりくりしてファイター・ミートの打ち合わせをやりました」

ところでファイター・ミートのきっかけは、友人のジョンとカタリナを購入したことから始まったそうだ。

「今持っているカタリナは、カナダの会社が調査のために南アフリカで飛ばしていたものを、1984年に購入したものです。以来、僕の人生を奪ってしまったようなものですよ。

最初は航空ショーでほかの人が持っているビンテージ機を操縦させてもらったりしていましたが、勤務の時以外にも自分たちの飛行機で自由に飛べればとジョンと話し合っていたのです。それ以来、「パイロット・マガジン」を見て、飛行機を探しはじめました。

最初は、ブラジル空軍が最後のカタリナ4機を売却しようとしていたので、わざわざブラジルまで見に行きました。戦闘機ではないけれど、面白い飛行機だと思いました。英国の航空ショーにはまだ出てきていませんでしたし、操縦も全部マニュアルで簡単でした。しかも、飛行艇ですからどこでも離着陸できます。しかしこのカタリナは、僕たちにはちょっと費用がかかりすぎるかも知れない、と思い断念したのです。

次に、カナダの会社がターボ・プロップ機に換えるためにカタリナを売却しようとしていました。早速、南アフリカへ見に行って気に入り、ジョンと一緒に購入しました。当時12万5千ドルしました。結局、資金を調達するために、住宅ローンを組み直したんですよ。

南アフリカから英国まで、カタリナでちょうど50時間かかります。僕は最後の段階で休暇が取れ、地中海にあるフランスのコルシカ島から飛ばしましたが、素晴らしかったです」

「飛行機自体のコンディションは良かったのですが、油圧ポンプを両方のエンジンに取り付けたり、計器などはデジタルの最新装備をしました。余分と思われるHF無線も搭載し、16人用の客席を設けましたので、世界一周が楽にできるようになりました」

着水するのに伴う困難を聞いてみた。

「カタリナは元々飛行艇として作られましたので、車輪が装備されているのは一部なのです。戦争当時は波が50フィートのところでも緊急着水したようですが、僕たちはなるべく機体を壊さないよう心がけています。着水は、風・波の高さ・うねりの様子などをしっかり見極めれば、それほど難しいことではありません。一番の違いは、通常は着水寸前に引き起こしをせず速度を保ちながら、そのまままっすぐ降りることでしょうか。うねりに沿って着水するのは上下運動をしている滑走路に着陸するようなものです。風速・うねりの長さ・高さをしっかり観察することが大切になります。胴体部分が水面をボートのように進むと言えばわかりやすいでしょうか。豊富な知識さえあれば、事故は防げるのですよ。最近は飛行艇自体が少なくなりましたが、カタリナのお陰で僕は世界中の海や湖で数百回の着水・離水を経験しています」

「実は、オリジナルのR-1830というダコタ（DC-3）等にも使われているエンジンではなくて、馬力が5割増しのライトサイクロンR-2600というエンジンを搭載しています。一般的にはカタリナは離水時に熟練を要するのですが、この機体は、パワフルなので離水の方が簡単なくらいです。コンディションさえよければ、600から1,200メートルで離水します。逆に、無風で鏡面状態だと、揚力がつきにくいので離水が大変になります」

カタリナを維持する母体となっているのが、カタリナ・ソサエティだ。現在の会員は、世界中から集まった約1,000人だという。

「昔カタリナに乗っていた人やその家族、カタリナを好きになった人、いろんな人が世界中から会員になってくれています。年1回はみんなで集まり、年3回のカタリナニュースを発行しています。あとは、スポンサーを募って、今もワインの会社名が機体に描いてありますが、特別飛行や航空ショーなどの出演料で維持しています。

保険の関係で、一般の乗客から料金を受け取ることはできませんが、カタリナを他人へリースすることはできます。たとえば貸し切りで南米を6週間旅行したこともありますし、オーストラリアや南太平洋でも飛んだことがあります。いろんな会社の懸賞商品としてツアーを組んだりするわけです」

今はRAFを辞めてカタリナだけを操縦しているのだろうか。

「RAFには結局16年間在籍し、ハリアーだけで1､200時間飛びました。一時期はカタリナにかかりっきりでしたが、今はプレーン・セーリングという会社にして、僕と妻それからジョンの奥さんの3人が取締役になっています。ほかにカタリナを操縦してくれるパイロットが8人、常駐のエンジニアが2人、あと14～15人のボランティアが何かと手伝ってくれるので助かります」

あまりいろんな飛行機を飛ばしたいとは思わない、とポールは何度も言った。1機の飛行機を熟知することが楽しみであり、喜びだとも語った。

好きな飛行機はもちろんハリアーとカタリナ、それ以外ではパワフルで静かなタイガーキャットだそうだ。

現在、エアーUKのパイロットとしてロンドン東北にある都市ノリッジを起点に、英国東海岸の都市やノルウェー、ベルギー、オランダへと定期便を飛ばしている。総飛行時間は約5､000時間。ボーイング747もやってみたいけれど、長距離パイロットになると子供達と一緒にいる時間が少なくなるから、というマイホームパパである。

カタリナを借りる費用は1時間30から40万円ほど。パイロットは別手配になる。スポンサーさえいれば、日本へも簡単に飛んでいけるそうだ。また、賛同してくれる読者は、ぜひカタリナ・ソサエティに入って機体維持をサポートして欲しい、とのこと。

カタリナの胴体幅はかなりあるので快適な座席配置が可能だ

完璧なるレディ

Carolyn Grace
キャロリン・グレース

イギリスで最も愛されている飛行機はもちろんスピットファイアだ。オークションなどでも値段が一番高くなる人気機種で、１９８４年当時には12機しか飛行可能なものがなかったのに、毎年１機ずつ修復され、現在では20機以上がイギリスの空を飛ぶ。イギリス人のスピットファイアにかける情熱は、日本では想像もつかない。

ご紹介するキャロリン・グレースは、このスピットファイアＭｋⅨを所有し操縦している唯一の女性パイロットである。

元々、オーストラリアの広大な農場で育ったキャロリンにとって、飛行機は身近な存在であったという。

「農場の広さが５００エーカーくらいあったので、種を巻くのに飛行機を使っていたし、買い物にシドニーに出かける時も乗せて行ってもらったりしていましたから、自分で操縦はしなかったけれど、飛行機に乗せてもらう機会は多かったのです」

そのうち後に結婚するイギリス人ニック・グレース氏と知り合い、イギリスに渡った。結婚後、ニックは茶箱17個に詰められたばらばらのスピットファイアをスコットランドのオークションで購入した。ニックの努力により部品だらけのスピットファイアは、外皮の３分の１を作り直し、５年かかって完璧な形に修復、１９８５年にはエンジン始動、同４月には初飛行を達成した。

その後、ニックはテレビや航空ショーなどに出演し引っ張りだこだったが、88年の10月に惜しくも交通事故で亡くなってしまった。

このままではいけない、とキャロリンは90年の6月になって、元英国アクロバット・チャンピオン、ピーター・キンジー氏より、スピットファイアの操縦を習った。

「スピットファイアは夫であり、家族の一員なのです。ニックはいつも私にスピットファイアを操縦して欲しいと思っていました。これを私が受け継ぎ、子供達にも伝えていきたいのです」

この決心は固く、今なおキャロリンと子供達を支えている。

イギリスでの飛行機との関わりを聞いてみる。

「私達は当時英仏海峡のガーンジー島に住んでいてニックはしょっちゅう本島と行き来していました。ほかにもセスナ２１０を買って家族はこちらを利用していました。オーストラリアから来るとガーンジー島も随分小さな所で、飛行機の大きさとしては丁度良かったのです」

操縦を習ったのは、ご主人の勧めだろうか。

「１９７８年ガーンジーにいる時、ニックは私に操縦を習わせるためにチップマンクを買いました。尾輪式の飛行機を習って欲しかったからです。私の教官についてもこの人はだめだ、この人なら良いという風にうるさかったのです。そこで習いはじめたのですが、気に入った教官が居なくなった時点で訓練を止めました。１年ものギャップの後、その教官が同じチャネル諸島のジャージー島に戻ってきたことを知って、また訓練を始めたのです」

スピットファイアは難しい飛行機です。

ご主人の職業はエンジニアだったそうだが、航空ショーのディスプレイ・パイロットとしても70年代から活躍していた。

「当時はシャトルワース・コレクションで、複葉機などを操縦していました。その頃の写真で、ロング・スカートをはいてスピットファイアの前で撮影した自分の写真があります。たぶんバトル・オブ・ブリテン・メモリアル・フライトのスピットファイアだと思いますが、この時がスピットファイアとの初めての出合いです」

「ニックは当時スタンプも持っていて、私に操縦免許を取得した後はスタンプ、ピラタス、ハーバードといった順番に訓練していく計画をしていました。もちろん彼が突然に亡くなってしまったので、事はこう上手くは運びませんでしたが。

免許を取得した後でも私は幼い子供二人の面倒を見ながら家事をし、朝から晩まで飛行機をメンテナンスしているニックが暇な時を見つけ、それからベビーシッターを手配するのですから、それほどその後の訓練は順調にはいきませんでした。それでもこのスピットファイアで８時間一緒に飛んでいるのです」

ニック・グレースは、いろんな飛行機を購入し自分で組み立てている。現在オールド・フライング・マシーン・カンパニーが持っているメッサーシュミットＢｆ１０９も、そのうちの１機だそうだ。

現在のスピットファイアＭＬ４０７を購入するために、それまで持っていた別のスピットファイアＰＢ２０２を売却したそうだ。また他のスピットファイア、機体番号ＰＲ７も持っていたし、ＰＬ９６５はオランダの博物館から買ってイギリスへ持って帰ったものだという。ニックは一体何機飛行機を持っていたのだろう。

「わかりません。たくさんです。彼は自分でメンテナンスしていましたから、亡くなった時にはメッサーシュミットは終わっていましたが、他にもスピットファイアＴ１８４（ＭｋⅩⅥ）もあったしテンペストＭｋなんかも持っていましたから」

キャロリンはニックが亡くなった後、スピットファイアを操縦することを決心する。このころの総飛行時間は２５０時間、現在は６００時間だからその後スピットファイアで３５０時間を飛んだことになる。
「スピットファイアは飛行機というよりもう家族の一員のようになっていました。ニックが大好きだった飛行機を飛ばし続けて、これを子供達に伝えることが私の義務だと思ったのです。私がスピットファイアで飛んでいる時は、ニックが一緒に飛んでくれているのを感じます」
「スピットファイアは難しい飛行機です。今でも、私には難しいと思っています。スタンプより遥かに重いし、着陸の時にもスピードがあり難しい飛行機なのです。でも、空を飛んでいる時にはスタンプのように軽く飛んでくれます」

二人乗りという珍しいスピットファイアを維持するのは、大変なことらしい。１９９９年6月には、このＭＬ４０７は飛べなくなっていた。
「以前はニックが一人でメンテナンスしていましたが、亡くなった後外注に出すようになったのです。そうしたらメンテナンスだけで年間３万ポンドもかかるようになりました。飛行機を持っている人は裕福なバックグランドの人が多いですが、私にはお金が無いのでメンテナンスのための協力会を作りました。また、このダックスフォードで他の飛行機をメンテナンスしているエンジニア達が自分達の余暇の時間に協力して、ＭＬ４０７のメンテナンスをしてくれています」

２０００年、キャロリンのスピットファイアは、展示され寄付を募るポスターが貼られていた。何が問題なのだろうか。
「スピットファイアの問題は、エンジンです。私のスピットファイアを飛ばし続けるためにもう一つソロ・エンタープライズという協力会を作ってそこで２万３千ポンドを集めることが出来ました。毎年航空ショーに出演しているその出演料を加えて、もう一つエンジンをアメリカへ注文したのです。去年半ばの話では今年の今頃にはもう出来ているはずだったのですが、最近になってまだその修復が手もつけられていないことがわかってがっかりしています。そこへ、今のエンジンの調子が悪くなってきたのです。クランクシャフトを交換しなければいけない重症なのに、エンジンがないのです。

予算がいつも限られているので、少しずつ航空ショーで稼いだ分を修理予算に回したりして備えてきたつもりですが、こんなこともあるのです。古い機種なのでいつでも新しいエンジンを買えるわけではありませんから、エンジンの確保は課題なのです」

スピットファイアの維持費は、どのくらいかかるのだろうか。
「飛ばし続けるためには、おおよそ毎時間4,500ポンドくらいなのですが、これには今回のような特別な修理費は含まれていません。少しでも予算を貯えたいと思って毎年できる限りの航空ショーに出演しているのですが、複座を嫌う人もいるし、予約を取るのも大変です。予約に関してはダックスフォードの女性に任せていますが、年間40から45時間で、あと15から20時間はピーターや他のパイロットが操縦しているのです。今年はもう1機の複座のスピットファイアをノースウィールドで操縦しますが、あまり他の飛行機を飛ばす機会はありません」
「複座のスピットファイアは教官が前に座る訓練生をよく見るために本来後部座席が少し上がっているのですが、ＭＬ４０７に関しては、ニックがそれをスムーズな曲線に改造しました」

キャロリンには子供が二人いる。その子たちは、毎回航空ショーの度にお母さんの演技を応援にやってくる。最近では、息子さんがアシスタントのようなことをやっている。
「長女のオリビアは18歳、長男のリチャードは16歳、今二人に操縦を教えているところです。幸い二人とも操縦が好きなのです。免許を取得したら、アクロバットの練習をさせるつもりですし、ゆくゆくはスピットファイアを操縦してくれるでしょう」

イギリスの飛行機は戦時中、ＡＴＡフェリー・パイロットと呼ばれる人たちによって工場から前線へ直接輸送された。ＭＬ４０７を運んだのは１９４４年の４月29日、ジャッキー・モーグリッジという女性で、彼女は男性もいたフェリー・パイロットの中でも最高記録87機種の移送を成し遂げた。奇しくも45年後、同じスピットファイアを女性が所有し、94年には一緒に飛行することもできた。また、ＭＬ４０７は実戦を２００時間こなした、歴史的な飛行機でもあるそうだ。

前述のようにキャロラインはＭＬ４０７を維持するためにソロ・エンタープライズという協力会を組織している。年間17・90ポンドを払って入会すると、スピットファイアの写真と年２回のニュースを受け取ることができる。また、年１回はダックスフォードの１室を借りて食事つきの集会を開催、デモ飛行も行っているそうだ。これは別料金とのこと。もし賛同してくださる方がいるなら、ぜひとも協力して欲しいと語った。

キャロリンのスピットファイアは第二次大戦後に単座から復座に改造、前席は約30センチほど前方に移動されている

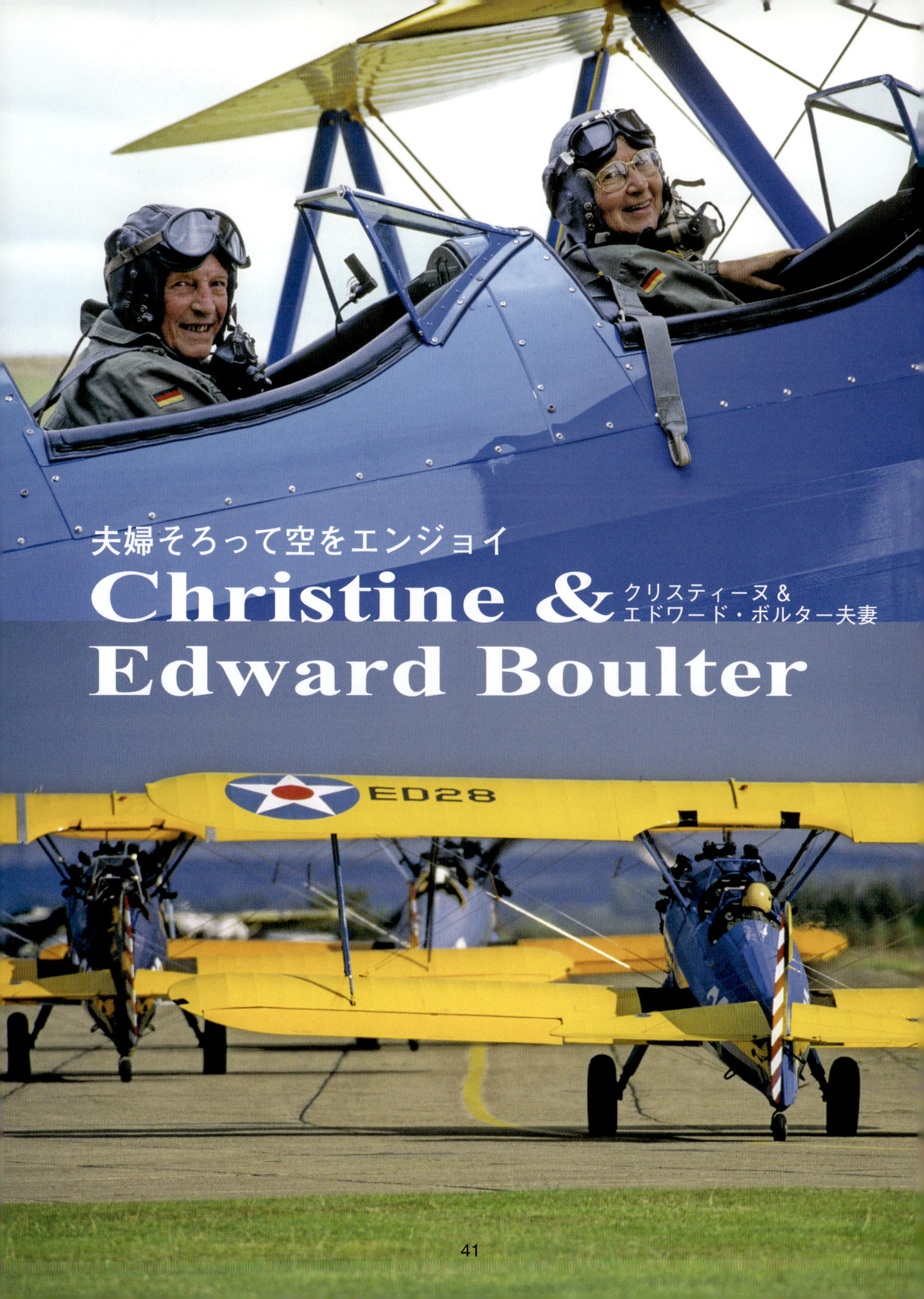

夫婦そろって空をエンジョイ

Christine & Edward Boulter

クリスティーヌ＆
エドワード・ボルター夫妻

これからは天候が許せば、毎日でも飛びたい。

夫が飛行機好きでも夫人まで徹底的に巻き込むことは、この飛行機天国の英国でもそうそうにはない。夫が飛ぶ姿を見る夫人はたくさんいるが、一緒に操縦桿を握っているのは珍しいくらいだ。

場所は欧州最大の芝飛行場、イングランド北東にあるノリッジ近郊のスウォントン・モーリー飛行場だ。ここは第二次世界大戦中はモスキートの飛行隊の基地で、当時のハンガーも修理を積み重ね健在である。現在は、飛行場の大部分に陸軍が戦車隊を常駐させていて、飛行場自体は隣の農家が引き続き土地を貸してくれている状態だそうだ。

ご主人のエドは78才、奥様のクリスは72才になったばかりだ。自家用のボーイング・ステアマンを駆って、あちこち招待をされて航空ショーに出かけたり、ほとんどの週末をここで過ごしている。

開口一番エドは私達に、「僕は昨日、会社の仕事を辞めた、と宣言したんです。明日からはパイロットとして新しいキャリアに邁進する、とね」と言い、大声で笑った。エドは暖房器具のエンジニアで奥様と一緒に会社を経営している。今までの飛行経験を聞いてみる。

「そもそも僕はカナダ人で、16才の時にイギリスに来ました。1941年に空軍に志願して、アーノルド・スキームでアメリカへ送られたのです」

アーノルド・スキームとは、当時のイギリスでの状況を考慮して生まれたアメリカのアラバマ州、ジョージア州、フロリダ州などでパイロットを養成した訓練のことだ。総訓練期間は7～8ヵ月、第二次世界大戦中で約8,000名のパイロット候補が送られ、うち4,500名がパイロットとしてイギリスへ戻り、バトル・オブ・ブリテンを戦ったのだ。

「この時、僕はほとんどをジョージア州で過ごしたのですが、最初の訓練は、アメリカ人のように行進することから始まりましたよ。あと僕たちには関係ない、アメリカの歴史なんかも学ばされましてね。実際の訓練時に使用した飛行機がタイガー・モスとこのボーイング・ステアマンなんですよ。だから、この飛行機には思い出がたくさんあるんです」

実際にはバトル・オブ・ブリテンでどのような任務に就いたのか尋ねた。

「僕の上官になった人は当時28才で、すごく年寄りだな、と思いました（爆笑）。その人の命令でハーバード（T－6テキサン）に乗ってアクロバットの練習をしましたが、僕はパイロットとしてはそれほどではなかったのです。次は10ヵ月間、あんまりぱっとしなかったアブロ・アンソンという雷撃機に乗り、北海のドイツ海軍を標的に魚雷を投下していました。これは魚雷自体が問題であまり成功した作戦ではありませんでした。というのも、自分で発射した魚雷より飛行機の方が速いのですから。飛行機が攻撃を終えて離脱するときにやっと魚雷が後方で着水するのです」

「この後、モスキートに乗って先導機になり攻撃標的用の照明弾を投下する任務についていました」

「落とされなくてよかったですね」というと、奥様が横から

「そんなことないわよ。2回ほど落ちているもの。（すると横から、いや私は落とされていない、と反論があった）正確には、イギリス空軍の飛行機を2機大破した、ということかしらね」

「僕は敵機を見ていないし撃たれたとも思っていないのです。一度はドイツのニュールンベルクに出撃したとき、途中で片方のエンジンが異常に過熱しているのがわかりました。良く見たら冷却水がないじゃないですか。ダンケルクの上空まで、だましだまし飛んできて無線で『もうこれ以上飛べない』というと、マンストンの司令官が『あとたった10マイルじゃないか、頑張れ』というのです。どう考えてもイギリスの上空ではなかったのですが、もうだめだ思って雲の下に出ると、銀色に光るものがたくさん見えました。とりあえず海上でなくてほっとしたのを覚えています。結局、塹壕のぬかるみが朝日に当たり光っていたものだったので、そこに不時着しました。敵・味方どこの陣地かわからないので耳を澄ますと『ファイア』（撃て）とか『ホルト』（止め）と聞こえるじゃないですか。こればかりは英語もドイツ語も同じなので、敵か味方かわかるまで緊張しました。幸運にも、ダンケルクのドイツ軍を包囲していたチェコ軍とイギリス軍が共同作戦を展開している所だったのです。ちょうど午前6時で朝御飯を作っているところでした」

「もう1回は、爆撃機としてベルリンの空襲に行ったのですが、司令部が風の計算を間違えてしまい僕たちは何と先導機より早く着いていて、しかもベルリンを通り過ぎていたのです。ベルリンのサーチライトが僕たちの爆撃に備えて空を照らしていたので、ベルリンの位置がわかりました。戻ろうとすると、今度は向かい風が強くてなかなか進めません。普段より長い任務を終えどうにか基地へ戻ったのですが、今度は深い霧で滑走路が見えないのです。燃料はないし見えないし、2回着陸を断念しました。その時の上官が無線で『これは命令だ。いいから落下傘で脱出しろ』と叫んでいました。そのお陰で今も生きているのです。当日36機のうち霧のため12機が未帰還となりました」

戦争が終わり空軍を辞めてからは、飛行機とは縁のない生活が続いたそ

うだ。再度、空への想いが捨てきれず飛行機を購入したという。

「戦後１９６０年までの14年間は飛んでいませんでした。それから思い立ってＰＰＬ（自家用免許）を取得してタイガー・モスでグライダーを引っ張ったりしていたのですが、仕事が忙しくなったりで諦めました」

今もその時の免許で飛べるのか。それとも、一度免許を取得していると二度目は何か特典があるのだろうか。

「何度目でも最初からの挑戦です。最初はギャップが14年ですから、簡単に取れた気がします。試験官も親切でしたよ。ところが、今回は１９６５年から１９８８年というギャップが23年間もあるうえに、年齢が65才になっていましたから、合格しないんじゃないかと思えるくらいに難しかったです。試験官が非常に厳しく見えましたから（笑）」

同じ様な試験とはいえ、技術革新もっとも激しい分野なので航空法、それから無線でのやりとりも毎回変わっていて苦労したそうだ。日本だと65才で空へ挑戦する人はそうはいないだろう。車と同様、イギリスの試験制度は、教習所の教官が試験をしない。政府認可の試験管が試験のためにやってきて判断するので、コースもなにも決まっていないのが普通だ。


飛行機を通じていろんな人と知り合いになれたことは、本当によかったです。


「今回は、全部で６ヵ月くらいかかりましたかね。何せ暗くて天候の悪い冬に訓練を始めたので、飛べる日が少なかったから僕のせいじゃない部分もあるのです」

「今回は最初にツイン・コマンチを購入しました。これで休暇にガーンジー島まで飛んだこともあります。ところがある時、知り合いが操縦していて僕は副操縦席に乗っていたのですが『タッチ・アンド・ゴーをやってもいいか』と聞くのです。あの時『良いよ』と言わなければまだあのコマンチは無事だったのですが。突っ込みすぎてプロペラで地面を叩いてしまったのです。結局大破してしまいました」

と、いかにも残念そうである。現在のステアマンは、どこから見つけてきたのか。

「僕がアーノルド・スキームの出身だと聞いて、ステアマンを持っているジムという男がある日ステアマンに乗せてくれたのです。やはり昔訓練したものは覚えていて、20分くらいで以前の感覚を取り戻せたような気がします。そのうちジムがステアマンが売りに出た、というので見もしないで買いました。ところがこれがものすごいポンコツだったのですよ」

「エルサルバドルで35年間ボロボロになるまで使われたあげく、最後の数年間は農家の納屋で放ったらかしにされていたようなのです。エンジン部分は問題にならないくらいひどく捨てましたが、残りを自分のガレージに持ち帰りました」

「最初は、埃を取って綺麗にしてピカピカに磨きました。綺麗になるとひびが入っているのがわかったりしてね、がっかりしたことが何度もあります。全体的な修理やエンジンを付けるのは、ジムに頼みました。購入したのが１９９２年で飛べるようになったのが僅か2年後の１９９４年ですから、この手の飛行機にしてはかなりのスピード修理と言えます」

ステアマンには、イギリスで特別の賞がある。毎年、この賞をもらうためにイギリス中のステアマン所有者が一生懸命手入れをするらしい。

「毎年、シャトルワースで今年のステアマンというのを選ぶのです。審査員が誰だか知りませんが、自分が飛んで帰りたいステアマンが基準だそうで、この賞を貰いました」

夫が高齢で免許を再取得したのも珍しいが、その奥様までも飛ぶというのはさらに珍しいことだ。

「私は免許を持っているわけじゃないの。以前コマンチに乗っていた時、とにかく恐くて毎回どうしよう、と悩んでいたのです。それで、エドに何かがあっても私が自分の位置を管制官に知らせて、最寄りの飛行場を教えて貰い、緊急着陸するくらいのことは知っておいた方がいい、と思ったわけです。彼は、私もですがトシなので、いつ何があってもおかしくないですから。それで、教官についてちゃんと訓練をしたのです。それからは恐くなくなりました」

「まさか、夫は何にも教えてくれませんでした。エドは多分私に教える忍耐力に欠けていると思うし、私もこういうことを習うには彼では十分あてにできない、でしょう。車の教習と一緒で、夫婦で教え合うと離婚の原因になるでしょうね（笑）」

「飛行機はエドの趣味なのです。私はどちらかというと、庭いじりをしている方が好きなのですが、せっかくの夫婦ですから、同じものを一緒に楽しめないともったいない、と思ったのです。だから、免許を取るつもりもありませんが、今では『救急車の待機をお願いします』と無線で頼んで、緊急着陸できるくらいになっています（笑）」

夫婦は時間の許す限り、頼まれればどこへでも一緒に飛んでいく。綺麗なステアマンの姿は、エドのようにアーノルド・スキームで学んだたくさんの人たちには、特別な思い入れがあるのだ。

「飛行機を通じていろんな人と知り合いになれたことは、本当によかったです。それから、同じアーノルド・スキームで学んだ人とも知り合い、その人たちをこのステアマンに乗せてあげ、喜んで貰えるのが嬉しいのです」

話を聞いて飛行場に足を運ぶ老人もいるという。そんなとき、エドは喜んでステアマンに同乗させる。

「久しぶりのステアマンは乗り降り

も大変で、最初はみんなの手を借りてやっとで乗り込むのですが、わずか20分の飛行から戻ってきたら、青年に戻ったように一人でさっさと降りれるのですよ。一気に何十才も若返ったかのようになるのです。これには、僕たちもびっくりしましたし、今、僕たちがステアマンに乗る励みにもなっているのです」

「このステアマンのお陰で、単なるフライパス（航空ショーで観衆の前を通過すること）とか、ただ飛んでいくだけなのに、航空ショーなんかにも招待してくれるのです。航空ショーに出演して演技するには、ディスプレイ・パイロットとしての登録が必要になります。僕は、これに登録していないのですが、飛行機が呼んで貰えれば結局僕も行くことになりますから、いいんです」

これからは天候が許せば、毎日でも飛びたい、と語ってくれた。単発機でしかもオープン・コックピットでドーバー海峡を越える勇気は無いけれど、そのうち英仏海峡のガーンジー島まで飛ぶのが夢だそうだ。遠いので実現しそうにないが地中海のマルタからも招待を受けているそうで、夢は膨らんでいる。今が青春のすてきなご夫婦である。

アメリカでは数多くのパイロットがこのステアマンによって訓練された

シーフューリーで大西洋横断

Norman Lees《ノーマン・リーズ》

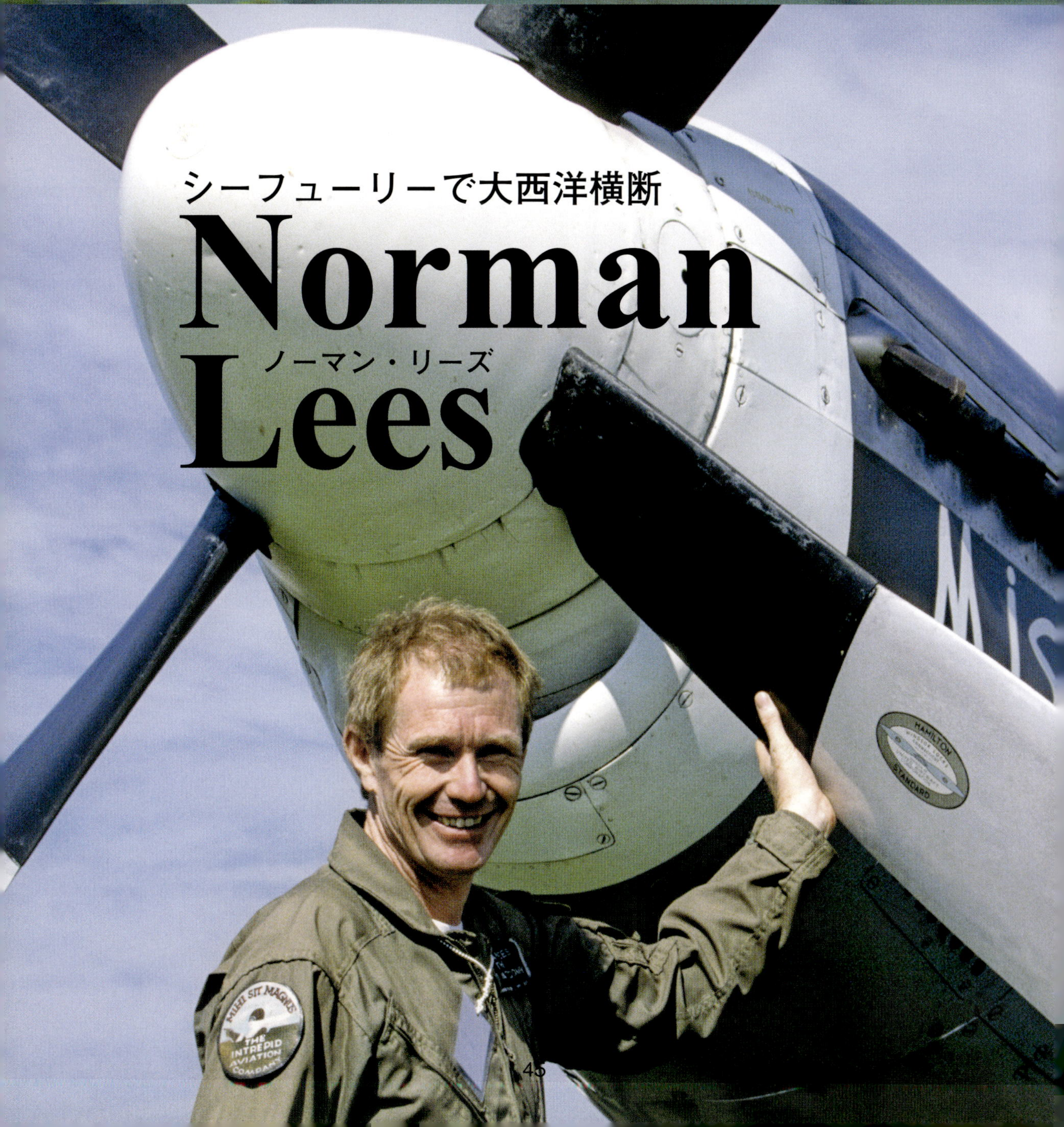

ノーマン・リーズ氏に初めて出会ったのは1986年、バリバリの現役海軍ヘリコプター・パイロットだったころである。アントニー・ハットン氏率いるハーバード・フォーメーション・チームの一員として航空ショーでT-6を操縦、フォーメーション・チーム解散後はポップ・スターのゲーリー・ニューマンと共にラジアル・ペアと名乗って活躍していた。

現在はバージン・アトランティック航空のボーイング747-200の機長として主にアメリカに飛びながら、航空ショーに出演している。

海軍の現役の頃より今の方がなぜか軍人の雰囲気を持っているから不思議だ。いつ頃から飛行への興味が湧いたのかというと、2才の頃だと母親から聞かされているそうだ。

ずっと飛行機には興味があったものの、経済的な余裕が無く他の人より飛び始めたのが遅い、と笑う。夢を現実にするため海軍への入隊を果たしたのは、普通より少し遅れた23才の時だった。

「僕はエンジニアとしてオーストラリアで2年半ほど働いていました。最初に飛んだのは13才の時に入ったエア・カデットでのグライダーで、15才の時にはボーイング707に乗客として乗り、カナダに行きましたよ。オーストラリアから戻って23才の時に、夢を叶えるため海軍に志願したのです」

整備員にとってはシーフューリーは大変な機体ですが、パイロットにとっては操縦しやすい飛行機です。

「18才で志願するのがほとんどですので、訓練はきつかったです。まず、ダートマスでチップマンクに乗り、それからブルドッグで飛行訓練を受けました。そして初めてのヘリコプターはガゼルです。訓練が終わるとシーキングを操縦するために船に乗るか、ヨービルトンにある海軍司令基地勤務になるかなのですが、僕は幸いにもヨービルトン勤務を命じられました」

海軍のヘリコプター・パイロットはどんな訓練を積むのか、聞いてみる。

「ロイヤル・マリーン（海兵隊）との共同作戦などで、ノルウェーに行ったりしました。冬のノルウェーですよ。昼でも華氏マイナス15度ですが、夜はこれがマイナス40度くらいになるのです」

「ヘリコプターは雪さえなければ大丈夫です。降りるときに雪が舞い上がりホワイトアウトしてしまい、ちゃんと陸地が確認しにくいのです。その後一時期は、北アイルランドでも勤務しました」

ヘリコプターはかなりの寒冷地でも、ちゃんと飛ぶことが出来るそうだ。寒さには強いが、前述のホワイトアウトのように、周りが真っ白で陸地と空中の区別がつかなくなると非常に危険だということだ。

「次はウェセックスのMk2です。72飛行隊から847飛行隊に配置転換され、フォークランド戦争の最後の一週間にも参加し、その後1ヵ月滞在しました。海軍の最後の3年間は、海難救助パイロットとして勤務しました」

ちなみに、イギリスの軍隊は国名がつかない。海軍はロイヤル・ネイビー、空軍はロイヤル・エア・フォース、陸軍だけはクロムウェルの革命以来ロイヤル・アーミーというよりブリティッシュ・アーミーと呼ばれることが多くなったそうだ。また、フォークランドでノーマンが一緒に飛んだ一人に、エリザベス女王の次男アンドリュー王子がいる。

第二次世界大戦機やT-6に乗るようになったのは、いつどのようなきっかけがあったのか。

「海軍に在籍していた当時からです。近所にあった飛行場で、友人のユアン・イングリッシュと一緒に英国航空のパイロットが所有していたT-6を購入したのです。その頃、友人が持っていたムスタングを操縦していたのですが、その友人に頼まれてシーフューリーで大西洋を横断しました」

古い単座戦闘機にしてはとんでもない長距離である。どこからどこを通って大西洋を横断したのか。エンジンも1基しかついていない。不安など無かったのだろうか。

「ニューヨークを発ってニューファンドランドからサンタ・マリア、ポルト、ビスケイ湾を北上してイギリスまでです。ニューファンドランドからサンタ・マリアまで5時間40分かかりました。ポルトまで3時間ちょっと。あと2時間くらいでビスケー湾を横断したと思います。当時コンコルドが大西洋の横断記録を作り、僕たちも世界記録を目指していたのですが、メンテナンスが遅れたせいで単発機としての記録を残せなかったのです。1950年代にニューヨークからガトウィックまで飛んで記録を出したムスタングがあったので、その記録を破ろうとしていたのです」

「洋上飛行は楽でした。一度だけ氷のせいでエンジンが止まりかけましたが、また動きましたからほっとしました。一番危なかったのは、ポルトでのタクシーです。僕たちがシーフューリーから降りてきたので運転手が自分も凄いところを見せようとしたのか、ホテルに着くまで恐かったですよ。4月だったのです。本来単座の飛行機ですので、特別に作ったこのルートしか飛べなかったのです。本来単座の飛行機ですので、特別に作った後部座席に乗っていたエンジニアは、まっすぐ立てるようになるまで2週間かかったと言ってましたよ（笑）」

イギリスでは海軍も、パイロットが一般の航空ショーに出演することを奨励しているのか。

「自分の勤務さえちゃんとしていれば大丈夫です。それよりT-6などを操縦していることを知って、海軍のヒストリック・フライトでフェアリー・ファイアフライを操縦しないか、と頼まれました」

「残念ながらソードフィッシュを操縦する機会は逃しましたが、後部座席で敬礼をしたことはあります。ヘリコプターは、海軍を辞めた後は、予備役登録をしていたので毎年訓練のため飛んでいました」

「海軍の後はダン・エアのパイロットとしてボーイング737を4年間

操縦していました。ダン・エアがなくなった後は、ドラー・ヘリコプターという会社でツイン・スクイラルを操縦し、1994年にバージン・アトランティック航空に入社したのです」

マニアにとってシーフューリーは、唯一プロペラ戦闘機がジェット戦闘機を撃墜した記録を持つ、いわば夢の戦闘機。どんな飛行機なのか。

「整備員にとってはシーフューリーは大変な機体ですが、特にエンジンの整備が難しいのです。しかし、パイロットにとっては操縦しやすい飛行機です。ピストン・エンジンですが、ジェット機を操縦しているような感覚があります。とてもスムーズで、とにかくスピードが速いのです」

ノーマンの一番気に入っている飛行機を聞いてみた。

「どの飛行機も良い点と悪い点がありますが、すべてを考えるとムスタングかもしれません。横風での離陸や着陸にもタフで、結構荷物を入れる場所があって移動に楽なのです。その点、スピットファイアは、どこにも荷物を入れられないので着替えも持ってこれないのです。航空ショーで一番臭いパイロットは、スピットファイアのパイロットですよ」

ヘリコプターも含めて、これだけいろいろな飛行機を操縦していると、何か間違えそうな気がする。操縦で勘違いするようなことはないのか。

「それは、大丈夫です。大きな飛行機、例えば僕が今仕事で乗っているボーイング747なんかは操縦席から地上まで70フィート（約20メートル）ありますし、小さな飛行機だと3フィート（約1メートル）なんです。でも、操縦席に座った途端、その飛行機に必要な計器のチェックなどをしますし、それが少しずつ異なるわけですから、自動的に自分が切り替わることが出来るのです。747だと左側に座り、スロットルは右にありますしね。似たような飛行機の方が間違えるんじゃないかな。僕は昨日はニューヨークから747で帰ってきましたが、今日はムスタングを操縦しているのです」

総飛行時間は9,700時間、うちヘリコプターが4,500時間になる。最近は、機長職の傍ら飛行機を空対空で撮影する会社を始めたばかりだ。

イギリス海軍は多様な航空機を運用した歴史から、ヒストリック・コレクションとしてソードフィッシュやファイアフライを航空ショーに出演させている

元英国
アクロバット・チャンピオン

Peter kynsey

ピーター・キンジー

「飛ぶもの」何でもOK

ピーター・キンジー氏は、英国の航空ショーを見たことのある人なら、必ず名前を聞いたことがあるはずだ。

実は彼は元英国のアクロバット飛行のチャンピオンであり、現在はブリタニア航空の機長でもある。趣味も仕事もすべて飛行機がらみという、羨ましい人生を送っている一人だ。

航空エンジニアの資格も持っていて、インタビューに応じてくれたのはその資格の更新試験前日のことだった。場所は、彼が趣味で飛行機に乗るときにベースにしているヘッドコーン飛行場。ケント州は風光明媚なリーズ城の側にある。ここには、タイガー・モスのファンが集まったタイガー・クラブの事務所やパラシュートの訓練所などもある。

最初にタイガー・クラブとの関係を聞く。

「実は10年ほど前にタイガ・ークラブが消滅しそうになって、会員60人ほどで株を買ったのです。僕もその一人ですから、株主ですね。それと、このクラブの主任インストラクターも兼任しているのです」

飛行機を好きになったきっかけや実際の免許取得について聞いてみる。

「実はプライマリー(小学校に相当)の校長が飛行機が好きでしてね。英国では土曜日になるとみんなでクリケットをするでしょう、そのアンパイアを校長がやっていたのですが、試合中に真上を飛行機が通過する度にあれは何だ、とか全部機種を教えてくれるんですよ。これが、飛行機に魅せられた最初でしょうね」

「13才のころには既に将来は飛行機のパイロットで食べていくんだ、と心に決めていました。まず16才になった途端にグライダーの免許を取得して、17才の時に幸運にもRAFの航空奨学金で自家用機の免許を取得することができました。当時のRAFは、年間400名にこういった奨学金で飛行機の免許を取得させていたのです。その後僕はRAFに行かなかったので、少しは申し訳ないと思っているのです」

「実は16才の頃から英国にはニール・ウィリアムズというアクロバットのチャンピオンがいて、僕は近い将来彼を抜こうと心に決めていたのです。だから、最初からアクロバットをやりたい一心でした。ところがなかなか思いどおりにいかなくて、航空会社も受験したのですが希望がかなえられなくて、大学に行ったのです。大学を卒業すると更に条件が悪くなっていて、航空会社での仕事どころか大学で勉強した科目もまったく役に立ちませんでした」

大学では、何を専攻したのだろう。

「心理学、生理学、生化学ですよ。職業パイロットになるのも本来の希望ではなかったし、結局、心理学者の卵がレストランで皿洗いをするということになりました。(笑)ところが大学でも友人に燃料代を出して貰って飛んでいましたので、卒業頃には飛行時間が200時間を超えていたのです。それでインストラクターの免許を取り、最初の飛行機での仕事が21才で教官ということになりました。

また、その当時北海油田が開発され、ヘリコプターのパイロット不足が深刻化していました。窮余の策として政府と雇用主が折半でパイロットの養成費を支払うことになり、僕もこれに応募したのです。彼らが知らなかったのは、その養成が僕の憧れであったレッドヒル飛行場、当時のタイガークラブがあった場所で、しかもアクロバット飛行の拠点だったということです。1年間の養成期間中、僕は操縦が混同するから飛行機には乗るな、と言われていました」

その期間中はヘリコプターに専念し、通常の飛行は断念していたのだろうか。

「まさか。(笑)その年こそ、いつもの倍の時間飛行機で飛びましたよ。アクロバットをやるためにどうしても費用を稼ぎたかったので、同じ飛行場で教官もやっていたのです」

同じ飛行場で、よく見つからなかったものだが、それなりの苦労はあったそうだ。

「生徒をソロに出すときも、僕は飛行機を木の陰に寄せて乗り降りしていましたので、見つからなかったのですよ。この頃やっとで憧れのニール・ウィリアムズのクラブに所属し、本人と会うことが出来ました」

その後、実際にヘリコプターでの仕事をしたのだろうか。

「2～3年は勤務するという約束でしたから、シェットランド諸島を基地にして飛びました。フランス製のピューマというヘリで、19人の乗客を全天候で乗せたのです。非常に面白い体験ができたと思っています」

北海油田のあるシェットランドはいつも強風が吹いて、雪も降るし、気象条件が過酷なので有名な場所だ。あらゆる悪条件を学ぶ機会ではあるそうだが……。

「勤務は2週間の後1週間は休暇でしたから、この間に一生懸命アクロバットの練習をしました。その後、ピッツ・スペシャルを共同購入したのです。

2年間のヘリでの勤務が終わって、南ロンドンへ戻ってきました。同じ年やっとで競技会に出場したのですが、ニール・ウィリアムズは事故で亡くなってしまいました。結局彼と技を競いあえなかったのが残念でした」

シェットランドから戻ってからも、飛行機中心の仕事は続いた。

「ブリストウ社のホーカー・シドレ

ー１２５を操縦して、有名なレーサーだとか富豪のパイロットとして飛んでいましたよ。オーストラリアからメキシコやアフリカまで飛びました。７～８年これをやって、その間にアクロバットを練習したのです。そのうち、自分たちの持っているピッツは今一つだと気づいて、ジョン・ハーパーという友人と一緒に更に大きなエンジンで可変ピッチプロペラを取り付けたピッツを組み立てました。次にそれを売ってアメリカ製の中翼単葉のレーザーという飛行機を買いました。１９８１年に初めて英国アクロバットチームに入ることができ、翌年には英国でチャンピオンになりました。86年には英国で世界大会が開催され８位に入賞しました。これが僕の最高記録です。翌年のヨーロッパ選手権も出場したかったのですが、その頃に今の仕事であるブリタニア航空に就職しましたので、仕事を休めず断念しました」

オープン・コックピットの複葉機というものは、
また違った良さがあります。

通常の飛行機と比較してアクロをやるうえでの、一番難しい点を聞くと、面白い答えが返ってきた。

「まず、その選手権が行われる国まで飛行機を持っていき、自分もちゃんと休みを取るということですね」

「アクロでは、高さ１,０００メートル幅１,０００メートルと決められた空間の中を飛行機で飛びます。ラインジャッジは厳しくて少しでもはみ出ると減点されるのです。まずスタンダード級、インターメディエート級、アドバンス級をこなし、それから世界選手権などのアンリミテッド級に挑むわけです。僕のやっていた頃で、だいたいプラス８Gからマイナス６～７Gくらいはかけていました。実際プラスのGというのはその場限りのダメージですが、マイナスGの場合には脳内出血から平衡感覚の麻痺といった後遺症が残ることもあるので要注意です。しかも、最近はスピードの出る飛行機を使ってますので、Gに関しては更に過酷になっています」

「アクロの練習にはお金がかかりますし、かなり休みが取れないと選手権には出場できません。僕の場合アクロを辞めた代わりといっては何ですが、航空ショーに出演することになったのです」

アクロ飛行と航空ショーでの飛び方で一番違うのは、何なのだろう。

「アクロの場合には、わずか7、8分の間に限界に挑戦する感じで、身も心もボロボロになります。その点、航空ショーは飛んでその飛行機の特徴を観客に見せるわけですから、また違った技が必要となるのです。そういった意味でいろんなことにチャレンジできるというのは嬉しいことです。例えばスピットファイアに乗るときは、実際に戦争中に関わった人も多く感情的になりやすいので、攻撃的な飛び方をしないでエレガントに飛ぶように気をつけているのです」

一番好きな飛行機を聞くと、困った顔をした。

「難しいですね。ちょっと考えただけでも６機浮かびます。まず、スピットファイアですが、これはスピットだからという理由と低空飛行や雲上飛行をすると素晴らしい飛行機だからです。それから、飛行機として良く飛んでくれるという意味ではグラマンのベアキャットにタイガーキャット。それと僕の持っているユングマン。オープン・コックピットの複葉機というものは、また違った良さがあります。優雅だし、その当時ベストだった機体です。僕の持っているのは１９５２年に作られたスペイン製で当時６００機生産されましたが、オリジナルのドイツ製より大きなエンジンがついています。それから僕はグライダーも持っています。未だに飛んでいますが、どちらかというとグライダーは学生や定年退職後に乗る方が都合がよい乗り物ですね。今は時間が無くてなかなか乗れません。僕はアクロを止めはしましたが、まだ心に競争心が残っています。そのうちグライダーで競技会に出たいとも思っていますよ。グライダーに乗るパイロットの技量は凄いモノです。毎年10月には休暇を取ってスコットランドへ行くのですが、この季節のスコットランドは上昇気流が３５,０００フィートまであって凄いですよ。これは持っているから説明しただけで、あと２機ですね。１機はこれも持っているのですが、パイパー・スーパーカブです。庭のような所にも降りれる便利なやつです。僕のには実は油圧でコントロールするスキーが着いていて、氷河の上に降りることができるのです。毎年３月にはこれでフランスのモンブランに行き、僕のカブでの着陸地点としては最高の１４,５００フィートの所に降りました」

アルプスの氷河に飛行機で行く人がいるとは、初めて聞いた。誰でも飛んでいくことが出来るのだろうか。

「僕は、ひょっとしたら英国で唯一人、いや僕のガールフレンドと二人、だと思いますが、フランス政府から氷河に着陸する許可証を持っているのです」

最後に欲しい飛行機を聞く。

「ロッキードが１９４６年に作ったコスミック・ウィンドという飛行機です。ここのハンガーにありますよ。当時のロッキードのテストパイロットが友人のエンジニアと一緒に設計した飛行機です。戦後エア・レース（Ｆ１の飛行機版）を普及させようと作ったのですが、セスナ１５０と同じ１００馬力のエンジンで２２５マイル（３６０キロ）で飛行できるのです」

ブリタニア航空は、イギリス最大のチャーター専門の航空会社だが、仕事では何を飛ばしているのか。

「普段はボーイングの７５７か７６７です。世界中どこへでも行きますよ。最初会社へ入ったころは７３７でしたが、今は全部売却して新しい飛行機になっています」

もちろん、５月のダックスフォードの航空ショーには出演する予定だろうか。

「今、会社と休暇を取るために戦っている最中ですよ。（笑）会社にも僕にもそれぞれ都合がありますからね」

仕事も趣味も本当に飛行機三昧のピーターである。時には映画出演を頼まれたりもするそうだ。今までの飛行時間は全部で１４、０００時間。ブリタニアではまだ６、０００時間だそうだ。ヘリコプターは１、０００時間。飛ぶものは何でもＯＫのマルチパイロットである。

コスミック・ウィンド、ユングマン、タイガーキャットと、プロペラ機でも操縦感覚の異なる飛行機で素晴らしい操縦技術を見せてくれる

飛行クラブ『スコードロン』創設者

Anthony Hutton

アントニー・ハットン

イギリスは戦時中の飛行場が数多く残っている国である。その多くは舗装された滑走路ばかりではなく芝生の滑走路も多い。牧場との違いは羊がいるかいないか、といった程度だ。今でも飛行場として活躍しているものも多いが、牧草地となったりあるいは週末を楽しむ広場として今なお市民生活に身近であることは間違いない。

ロンドンの北東を北へ伸びる高速道路M11は、ロンドンとケンブリッジを結んでいる。その途中には、戦時中の空軍基地が二つあり一つは戦争博物館の航空機部門として有名なダックスフォード、そしてもう一つが今回ご紹介するアントニー・ハットン氏が創設した飛行クラブ『スコードロン』の基地ノース・ウィールド飛行場だ。

アントニー・ハットン氏は、ハーバード・フォーメーション・チーム（ハーバード５機とビーチ18で構成された航空ショーのディスプレイ・チーム）のリーダーであった。しかしそれ以前、彼はかなり名の通ったモーターレーシングのドライバーでもあった。

まず、車から飛行機へ転向したきっかけを聞いてみた。

「車のレースといってもいろいろあって、僕がやっていたのはジャガーなどの古いスポーツカーのレースです。その頃の仲間に飛行機の教官がいて、免許を取ったらどうだ、と勧められました。１９７０年代頃になると、車のレースをやるのがコスト高で次第に大変になってきたのです。当時アメリカでのエア・レース（いわばＦ１の飛行機版）の記事も頼まれて書いていましたから、飛行機には興味がありました。ホーカー・シーフューリーのエア・レースを見て、これは面白いと感銘を受けました。それで１９７２年から飛行機に乗り始めて、１９７３年に遂にパイロット免許を取得したのです」

「一番最初に買ったのはベルギー製の複葉機でスタンプというやつ、その後ハーバード（T-６テキサン）を購入しました。その頃はハーバードで航空ショーに出演していたのです。結局シーフューリーとは縁がなかったのですが１９７６年にヤク11を買い、アメリカや欧州の航空ショーに出演したりしました。１９８２年には、オシコシ（アメリカ、ネバダ州の都市）のレースには参加しなかったのですが、飛んで行ったりしました」

ハーバード・フォーメーション・チームを作った経緯を聞いてみた。

「ヤク11は１９８３年に売りましたので、僕の飛行機はハーバードだということになりました。同じ年に、ハーバードに乗る人達８人が集まってフォーメーション・チームを組んだのです。

ハーバードは大戦機であり戦闘機の感触を持っている。

チームのデビューは、同年のグレート・ウォーバーズ・ディスプレイ（当時有名だった航空ショーの一つ）です。仲間にはテスト・パイロット４人を含めポップスターのゲーリー・ニューマンもいました。当時は航空ショーが面白くなっていましたから、ハーバード５機にビーチ18を加えて『太平洋航空模擬戦』なんかもやりました」

ハーバードは、戦時中の映画が撮影される際には零戦に化けるので有名な機体だ。ゲーリー・ニューマンは、自分のハーバードに日の丸を描き、唯一の日本機として毎回最後には撃墜される役を演じていた。日本でも自衛隊が練習機として採用していたことがあるが、ハーバードの魅力は何なのか。

「まずはコストです。スピットファイアやムスタングなどを持つと年間に何十万ポンドと維持費用がかかりますので、もの凄いお金持ちならともかく一般人には無理なのです。その点、ハーバードは大戦機であり戦闘機の感触を持って、なおかつすべてに安上がりにできているのです。１時間飛ばすための費用を比較しても、多分ハーバードならスピットファイアなんかの５分の１で済むわけです」

「それから、自分の飛びたいときに一人で飛べるというのが重要です。飛行機が大きくなりすぎるとそういうわけにはいきませんからね。また、ハーバードは非常に信頼性の面でも優れた飛行機でした」

その後、なぜスコードロンを結成するまでに至ったのだろうか。スコードロンは、メンバー制の飛行クラブで免許のあるなしに関わらず、また飛行機を持っているかどうかも関係なく老若男女が集う。今年で創立11年目。中には昔の空軍の将校クラブ（オフィサーズ・メス）を模倣したものがあり、飲んだり軽食をとったりすることもできる。

「最初はハーバードチームのメンバーがイギリス中に散らばっていたので、チームの基地を作らなくてはいけないと思ったからです。当時はあちこちのショーに出演する度に、それぞれが飛び立ち空中で待ち合わせてからショーの会場へ行っていました。駐機の問題ばかりではなく整備もちゃんと一緒にやりたいと思っていたのです」

スコードロンの建物は、今では珍しいかまぼこ型をしている。当時をなるべく忠実に再現しようと新たに建設したものだそうだ。

「建物のほとんどは自分たちで作りましたが、古い木造の部分を滑走路の向こう側から移動したのもあります。ハンガーはロビン・ハンガーと呼ばれるちゃんと当時の戦闘機を整備するハンガーのデザインで作りましたし、ここのパブも第二次世界大戦中の将校クラブの雰囲気を出すように、当時の写真を参考にできるだけ再現したつもりです。当時の写真を飾ってみたり、骨董の時計や電話機を設置したりしています」

ここを利用する人たちはどういった人たちなのか。平日でも人の出入りがあり、またよそのクラブからの訪問者も多いという。

「現在は会員数は４００名くらいです。夕方には外部から講師を呼んで講義をしたりします。レッドアローズの隊員や現役の戦闘機乗り、マイクロライトから気球まで航空に関することならなんでもありなのです。パーティーを開いたりいろいろです。それ以外には、編隊飛行や航空ショーでの飛び方を教えたりしています。一般の飛行場と違うのは、歴史的な香りがするところでしょうか。会員の年齢は9才から90才まで、といったところですか。昔飛行機乗りだった人から、ただのファンまでそれこそいろんな人が集まっています。ポップスターのゲーリー・ニューマンもメンバーでしたが、ピンク・フロイドのデビッド・ギルモアもここのハンガーに彼の飛行機コレクションを置いています。今はロンドンの中心で働いている人達のヤク-52の数が多いですね」

ノース・ウィールドは第二次世界大戦中はドイツ空軍を迎撃する基地として活躍していたが、戦後はあれ放題になっていたそうだ。そんな場所を一般人がクラブとして活用できることが不思議に思える。

「持ち主はここの役所、ノース・ウィールドではエッピング・フォレスト・カウンシル（ロンドン北東部の行政区）です。役所ですから書類を揃えたり、時間はかかりましたが、結局はリースして貰うことができました。どの国も同じでしょうがお役所仕事は時間がかかりますが、待った甲斐があったと思います。それに、エッピング・フォレストとしても飛行場を遊ばせておくより、地元の人達にも関心を与え、よそからもいろんな人が来てくれるようなクラブの創設を歓迎してくれたのです」

ハーバードに慣れると、スピットファイアやムスタングも操縦が簡単に思えるくらいです。

個人の会員の飛行機としてはハンガーにいろんな機体が並んでいる。全部でどれくらいあるのだろうか。

「スコードロン自体のハンガーには25機ありますが、滑走路の向こう側のハンガーにも会員が多分40機は持っているはずです。パイパー・チェロキー、ヤクー52、シーフューリーそれからジェット・プロボストなんかを持っています。

スコードロンが雇っている整備士は2人、それ以外に2人いて、欧州での検定基準をクリアしていますし、イギリスのＣＡＡ（民間航空局）の認可も受けていますので、重量が１２５,０００ポンドまでの飛行機はほとんどここで整備・修理することができます。

スコードロンにはこういう整備の人達と僕たち、それからレストランの厨房を含めて8人が常駐しています」

アントニーはずいぶん長い間ハーバードにこだわり飛び続けていた。パイロットから見たハーバードの操縦感覚やメリットは何なのだろうか。

「ハーバードというのは１９４０年代から50年代にかけて、航空学生が必ず操縦した飛行機で、世界中で１５,０００機以上が使われました。高等練習機としては非常に良く、レシプロ戦闘機の感触を十分に味わえ、また良い面と悪い面をよく教えてくれる飛行機だと思うのです。だからハーバードに慣れると、スピットファイアやムスタングも操縦が簡単に思えるくらいです。ビーチ18は、双発のハーバードだと思えばいいでしょう。双発の練習を始める人にはうってつけの飛行機です。これをクリアすれば、ＤＣ-３なども操縦することができます」

今では、アントニーの一番好きな色だという真っ赤なファルコというイタリアの飛行機を所有している。何故ファルコなのか、ハーバードとのあまりの違いにちょっとびっくりさせられた。

「実は以前持っていた複葉機を売りに出したのですがなかなか売れないで、そのうちイタリアからファルコと交換しないかと言ってきました。どんな飛行機か状態もはっきりしないうちにＯＫしました。友人のティム・シニア君がイタリアまで飛行機を受け取りに言ってくれました。『信じられないくらいに状態もいいし、綺麗な飛行機だよ』と電話をくれたので、歓喜しました。ラッキーです。しかし、イタリア側の書類が不備で何やかんやと待たされて、半年も飛行機がハンガーで寝ることになりました。これが終わったら、今度は英国側のお役所仕事です。結局、未だに自由に飛んでいけず、最近になってやっとテスト・フライトはＯＫというわけで近所を飛行しているのです」

「今までのハーバードなどと比べても非常に軽い機体です。イタリアのフラーティという人が設計したかなり初期の機体なのです。正式にはファルコＦ・8・Ｌといいます。ピッツスペシャルくらいに操縦感覚が軽くて、スピードの出る機体なのです。遠出ができるようになるのが楽しみです」

以前ノースウィールドでは、爆薬など使った大がかりな航空ショー『ファイター・ミート』が開催されていた。年に1回は今でも中程度の航空ショーが開催されている。スコードロン主催のショーの他にも、会員が集まって『飛行機で遊ぶ』そうだ。

「ファイター・ミートはもう完全に

なくなりました。たぶん復活することはないでしょう。年に1回航空ショーは開催されていますが、大きなジェット機が来るといったような、華麗な航空ショーではありません。スコードロンとしては、ときどきフライ・イン（文字通り飛んで来ること）のように飛行機での集会を催していますが」

「楽しみは会員同士で12、3機の編隊を作りスコードロン・レイド（編隊空襲）と称して、フランスやオランダの飛行クラブへ出かけることでしょうか。年に2、3回はでかけます。また、あちらからも飛んで遊びにきてくれます」

以前は不動産の鑑定士ならびにコンサルタントとして、ロンドンの中心ピカデリーに居を構えていた。ハーバードをきっかけに結局ノース・ウィールド飛行場に毎日出かけることになり、次第にスコードロンの運営が生活の中心になり、遂に飛行場のそばに家を購入、毎日奥様のサマンサと数匹の猫と共に飛行場通いをしている。総飛行時間は、12、00から1、300時間。

スモークは航空ショーでは欠かせない演出、出演する飛行機の多くは発煙装置付き

イギリスの空をエンジョイするブラジル女性

Anna Walker《アナ・ウォーカー》

航空ショーの会場で一番明るい女性がアナだ。彼女はブラジルからイギリスへやってきて、今事業用免許を取得するために頑張っている。

　航空ショーでは、先日修理が完了したばかりのビュッカー・ユングマイスターを操縦し、ドイツからやってきた元ルフトヴァッフェ（ドイツ空軍）のおじいさんたちの拍手喝采を受け、握手ぜめにあっていた。それもそのはず、ナチ・マークであるハーケン・クロイツはドイツでは禁止されているが、イギリスでは合法であり問題はないのだ。おじいさん達の中には、戦時中にイギリスで撃ち落とされた人たちもいるということだった。

　アナが飛行機に初めて乗ったのは6才の時、お父さんが飛行免許を取得しブラジル製のＪ－３カブを購入したからだという。サンパウロ郊外に１９３０年代にドイツ人が作った飛行場があり、そこでアナはお兄さんに次いで、父親の二人目の乗客となった。彼女の飛行機との関わりを聞く。

「そこの飛行場はたくさんの人たちがグライダーを楽しんでいました。私も長い間、毎週末になると父に連れられてグライダーや飛行機に乗るために、飛行場に通ったものです。ブラジルというところは広大な土地があるので、飛行機がとても身近な存在でした。そのころでさえ農業用の種まきから除草剤など、トラクターの代わりに飛行機が活躍していたのです。だから、飛行機に乗ることは車を運転する延長のようなもので、そう言った環境に生まれた私はとても幸運だったと思います」

「最初はグライダーから始めました。でもグライダーはいつも他の人と一緒に押したり走ったり大変なのです。それで15才になったころ、私はグライダーの牽引をする飛行機の操縦を始めました。それより以前、父は自分の飛行機を改造して子供の私たちにもラダーに足が届くようにしてくれました。ソロ（単独飛行）に出たのは13才の時です。だから、15才で牽引したいと思ったのも当然で、飛行場の人たちも私のことをみんな知っていましたから、快く牽引させてくれたのです。当時、父はいわゆるブッシュ・フライング、つまり飛行場を飛び立って適当に飛んでその辺の飛行場に降りる、というようなフライトにしょっちゅう連れていってくれました。通信器機もなく地図も持っていなかったのです（笑）」

　今は飛行機三昧に近い生活を送っているアナだが、一時は飛行機と全く関わらない生活をしていたことがあると聞き、驚いた。

「弟がゴーカートに夢中になって私も巻き込まれました。両親は子供たちがやりたいことを応援してくれたので、最初の1台目の車だけ買ってくれました。これでは飽きたらずスポンサーを探して、さらにのめり込んでいきました。17才のときには遂にプロレーサーになって自分のチームを持っていた時期もあるのです。ブラジルでの運転免許は18才以上なのですが、レース用は17才でしたから、フィアットやフォルクスワーゲンからスポンサーになって貰い運転していました。ところが不況になってスポンサーが降りてしまい、私は若くして多大な借金を背負ってしまったのです。カー・レース用の工場を一般車両用のメンテナンス工場に変えて、借金をどうにか返すことができました。しかし父は、車に夢中になった私を恐れて、イギリスの寄宿学校へ送ったのです。ところが、イギリスはカー・レースのメッカで、ブラジルに居たとき以上に毎週カー・レースに没頭しました」

**アクロバット競技会は、自分との戦いなのです。
どれくらいまで耐えて、どこで引き上げるか自分ですべて判断して、
自分一人の世界なのです。**

　その後、石油会社や銀行に勤めたり、父親の会社を手伝ったり、ある時は日本企業と競ったこともあるという。そして１９８４年、再びイギリスへやってきた。

「女の子なのにメカに詳しくて石油の仕事なんかしていましたから、もう一度経済を勉強し直そうと思ったのです。でも、ふと飛びたいと思ったときに、実は自分が免許を持っていないことに気づきました。そこで、ロンドン郊外のビギン・ヒル飛行場に行き、ＰＰＬを取得したいと申請しました。その時点で私の飛行時間はグライダーを含めて１，７００時間になっていました」

「ブラジルでは誰も免許なんて気にしませんでしたから、免許の存在も知りませんでした。飛ぶこと自体はまったく問題がなかったのですが、コントロール・タワーとの交信、飛行機に乗る前のチェック、地図の見方など本当にショックでした。だから、まったくの初心者として勉強をし直したのです。免許を取得した後は、ブラジルのようなブッシュ・フライングをしたいと思いました。そこで尾輪式の飛行機が飛んでいるレッド・ヒル飛行場に行ったのです」

　当時のレッド・ヒル飛行場は、タイガー・クラブがあってタイガー・モスがたくさん飛んでいたし、アクロバットの選手がいつも練習をしていたので有名であった。しかし、尾輪

式は通常の飛行機より難しいため、レッド・ヒルでは100時間フライトをした者にしか飛行を許可しなかったため、アナはよその飛行場でフライト時間を増やした。ブラジルでの1,700時間はあくまでも非合法で認められなかったわけだ。

「私は100時間よそで飛んでからまたレッド・ヒルを訪れました。そこで当時タイガー・クラブのチーフ・パイロットだったピーター・キンジーと知り合いました。彼は最高の先生ですが、知人だから甘いのではなくて、操縦に関してはほんとうに厳しい先生です。」

「レッド・ヒルのタイガー・クラブでは、私にとって最初で最後の最悪の事故を起こしてしまいました。横風の強い日に飛行場の上をサークルを描いて飛んでいたのですが、完全に失速してしまったのです。タイガー・モスは墜落して、私も顔面を強打し骨を2、3本折って入院しました。でも、最悪という意味は私の怪我のことではないのです。当時のタイガー・クラブはレッド・ヒル飛行場から追い出されそうになっていました。他のタイガー・モスもなぜか落ちて飛べなくなっていましたし、タイガー・クラブにとって最悪の時期にトドメのような事故を起こしてしまったからです。病院から友人に電話して、どうにかしなくてはとタイガー・モスを探して貰いました。結局顔に縫い傷のあるまま、手を吊ったまま、ピーターと一緒にグッドウッド（イギリス中部の都市）までタイガー・モスを購入しに行きました。これは、私の飛行機人生にとっての大きなターニング・ポイントとなったのです。事故が転機となって私はもっと飛びたい、と心から思いました。だから、出来るだけ早く飛行場に戻りたかったのです。同時に、もっとちゃんと飛びたいと思うようになりました」

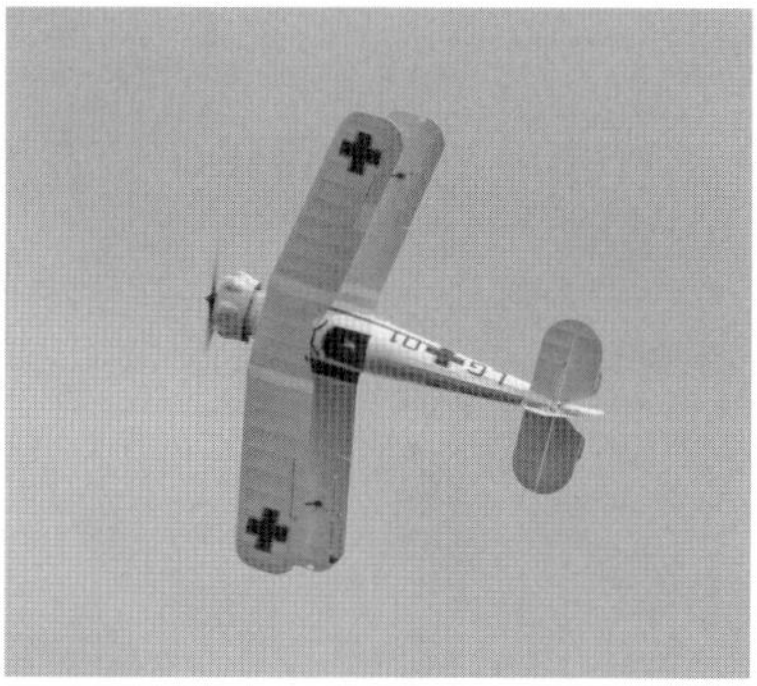

「この時に買ったタイガー・モスでは、あちこちに行きました。ヨーロッパ中です。その頃、ピーターと一緒にビュッカー・ユングマンも購入しました。ピーターは、ちゃんと操縦をやりたいのなら、アクロバットもやるように勧めてくれました。それで、CAP10などで競技会に参加するようになったのです。ファースト・スタンダードクラスで3位に入賞したのをきっかけに、各競技会で入賞する喜びに取り憑かれてしまいました。元々カー・レースのドライバーとして競争心があったのですが、車と飛行機は全然違います。車は、他の人たちとの勝負ですが、飛行機のアクロバット競技会は、自分との戦いなのです。どれくらいまで耐えて、どこで引き上げるか自分ですべて判断して、自分一人の世界なのです。2年間はほんとうに取り憑かれたように競技会ばかりに出場していました」

最近は、航空ショーのディスプレイ・パイロットとしても登場、パイロットとしても名前を見る機会が増えた。現在はファイター・コレクション所属である。その都度、飛び方を変え観客を楽しませる。

「航空ショーに出場してお客様に飛行機を見せるという点で、アクロバット競技会とは全く違うアプローチと要求があるのです。慣れていくに従って、どんどん高度を下げていく許可も貰えます。アクロバットでは、最低200～100フィート（60～30メートル）ですが、航空ショーでは、例えばユングマンで飛ぶときには50フィート（15メートル）まで下げています」

本当はアクロバット用にもっと早くて機敏な飛行機が欲しいが、最低でも10万ポンド（約2,000万円）するので、なかなか実現しないと残念そうだ。それでも、前回のフライング・レジェンドでは、ファイター・コレクションのユングマイスターを操縦していた。滅多にお目にかかることのない珍しい機体だ。

「あれは、歴史的な価値もあるし素晴らしい飛行機でした。ユングマンと比べると、それぞれ良い点も欠点もあるのですが、ロールを打ちやすいし機敏なのです。操縦もし易い素晴らしい飛行機でした。設計したのはスウェーデン人のアンデルソンという人なのですが、彼の名前は残念ながらほとんど知られていないのです」

今までに何機種くらい操縦したのだろうか、また好きな飛行機を聞いてみた。

「スホーイSu26、29、31を操縦しましたが、私には合わないと思いました。印象に残っているのはヤク50、それからブラジルでも操縦していたT-6ハーバードです。もし、双発を飛ばすのなら父が持っていて時々私も操縦したビーチ18です」

今までの総飛行時間を聞くと、おもしろい答えが返ってきた。

「合法的な時間？それとも、非合法なものも入れて!?笑)免許を取得してからは800時間になりました。それ以前の無免許時代に1,700時間です。それ以外には、ハング・グライダーで50〜60時間くらいでしょうか」

　飛ぶことにすべての情熱を注いでいるアナは、これからも航空ショーなどでの活躍が期待される。

＊その後アナは無事に事業用免許を取得した。

当時のナチス・ドイツの塗装のユングマイスターで華麗なアクロを披露、ゲストのドイツ空軍退役パイロットの老人達から拍手喝采を受けた

FRED BASSETT

空飛ぶ株仲買人
フレッド・バセット

ゴルバチョフのグラスノスチの結果、イギリスでもロシア製の飛行機が見られるようになった。かつて、ファーンボロの航空ショーに初めてミグ29が現れた日は昨日のようだ。

その後ロシア機自体はそれほど珍しい存在ではなくなったが、ふと気づくと妙に数多くヤク52がイギリスの空を飛んでいるではないか。

今月は、このヤク52のオーナー、フレッド・バセット氏に話を聞いてみた。実は彼の本名はリチャードなのだが、イギリスで人気の漫画キャラクター、バセット犬フレッドにちなんで、友達はみんな彼をフレッドと呼んでいる。

フレッドは、30才前半の典型的なビジネスマンである。仕事は先物相場だそうで、具体的には「ほら、あのベアリング社を倒産に追い込んだ男がいるでしょう、彼と同じような仕事だよ」と説明してくれた。

家はノースウィールド飛行場から車で3分のところにある、築６００年の大きな建物である。最近購入したそうだが、毎日ロンドンの中心まで通っていると聞いて驚いた。月曜日から金曜日までは午前6時半に家を出て午後7時まで勤務、週末を飛行場で過ごす。奥様も仕事を持っているので、家には週日だけ住み込みの子守がいる。

イギリスでは職種を変える人が多い。また、終身雇用の考え方は全くないので、一生を通じていろんなことにチャレンジする人が多いのだが、フレッドもその一人だ。

「ＲＡＦのフライング・スカラシップ（航空奨学金）があるでしょう、僕もあれに応募して免許を取らせて貰ったんですよ。１９８２年でまだ僕が学生だったときのことです。ドーセット州のコンプトン・アバスに行き、そこのセスナ１５２で約30時間練習しました。

学校を出てからＲＡＦに入隊しジェット・プロボストの訓練コースまでは行きましたが、その後いろいろ考えるところがあって除隊、たぶん３、４年はまったく飛んでいませんでした」

飛んでいないこの時期には、東京に住んでいたこともあるそうだ。あまりの物価高に悲鳴を上げイギリスに戻る。その後、南ポルトガルのファロへ行き、自家用免許を更新、飛行機を借りて飛ぶことを始めた。

ヤクは遠出をするには、非常に窮屈な機体なのですよ。

「１９９３年頃、また飛びたくなってパイパーチェロキーやトマホークなどで飛んでいました。飛行機としてはあんまり面白くないですが。そうしているうちに、今持っているヤク52の記事を読んだのです。友人が1機買ったのでさっそく見に行きました。その友人が、今朝来た人がこのヤク52を一緒に購入できるパートナーを捜しているというのです。それからトントン拍子に話が運んで、多分その10日後くらいには買ったと思います」

「ヤクの良いところは、いろんな用途に応えられる飛行機の割には、価格が妥当だというところでしょうか。1機あたり３万から４万ドルで買えます。これがもっと大きな例えばハーバード（Ｔ－６テキサン）になると７万、ムスタングのような本物の戦闘機だと70万になりますから、この差は大きいですよ」

現在はフレッド自身が共同出資をしたというスイスのテレコミュニケーションの会社がスポンサーとなっているそうだ。他にも2、3小さな会社がスポンサーになっているときいた。あまり大きなスポンサーがつくと、あちこちの航空ショーにも出演しなくてはいけなくなるので、月曜日から金曜日まで普通の仕事をしている彼らにはちょうど良いのだそうだ。今年の8月末にはスイスで編隊飛行のグランド・マスター競技会が開催されるそうで、その為の特訓を行っている最中だった。

「今までにヤクで飛行したのは全部で３００時間くらいでしょうか、うち２４０時間は編隊で練習しています。うちは7機の編隊です」

「ＲＡＦの時代にジェットプロボストには１２０時間乗りましたから、アクロバット飛行なんかもやりました。ミグを購入後、バーミンガム近くの飛行場にロシア人のパイロットが来て、ロシア空軍の安全教室を開いたのでそこに通いました。それからは、スコードロンで元ＲＡＦの教官が編隊飛行を教えてくれるので、それ以来ずっと練習を積んでいるわけです」

ヤク自体はそれほど大きな機体ではない。中を覗くと体格の良いイギリス人は結構窮屈そうに乗っている。日本人にはちょうど良いかもしれない。

「スイスくらいなら飛んでいっても悪くはないですね。もっと遠くに飛んだこともありますから。オランダ経由で北ドイツの果てまで飛んでいったのです。ヤクは遠出をするには、非常に窮屈な機体なのですよ。片道2時間半の飛行でしたが、1時間も乗り続けていると窮屈で、飛行機がただまっすぐ進まずに、段々上下してくるのがわかるのです」

日本には1機も輸入されていないヤクについて、説明をしてもらう。

「ヤク52は9シリンダーのイブチェンコ・エンジンを搭載しています。３６０馬力、急降下したときの最高速度は４２０km／h、航続速度は２２０km／hですから１２０ノットで

航続時間はだいたい2時間半です。燃料は120リットル積めますが、最後の50リットルは使えません。目安としてはだいたい巡航で1時間40リットルですね。他の一般的な飛行機に比べると、アクロバットの見地から言えば、マヌーバ（機動力）がきますし、いろんなことができる飛行機です。特に、僕たちのように数機で編隊飛行をしたい者にとっては、非常に安定した良い飛行機なのです。アクロバットの基礎から学びたい人、編隊の中級クラスまでをやるには本当に適切な飛行機だと思います」

いくら安い機体とはいえ維持費はかかるに違いない。特にロシア製となるとメンテナンスなどの心配もつきまとう。編隊飛行を行っている全員が自己負担をしているのか非常に興味がわいた。

「チームを紹介しますと、まずジェフは暖房のエンジニアですし、髭を生やし黒い機体に乗っているのがリーダーで彼は英国航空のパイロットです。ガリーは大きなビジネスをしているお金持ちで、ジムはスタンステッド空港でBAe146やサイテーションを飛ばしてタイタン・エアウェイズという小さな航空会社を経営しています。彼は経営者ですが、会社の機長でもあるのです。それからマークは、イギリスでのヤク52の輸入総代理店なのです。最後にアンディは、建設会社の社長です」

「みんなとはスコードロンの編隊学級で知り合いました。そこで一緒に練習しているうちに、チームを組むことになったのです。マークは、全員彼からヤクを買ったので知ってましたしね（笑）」

「ヤクの売れ行きはまあまあ良さそうですよ。それにこのチームは彼にとっては実によい宣伝にもなりますしね。今はチェコの方から輸入したL-29やL-39といったジェットも売れているみたいですよ」

現在イギリスの空を飛ぶヤクはおおよそ50機から60機、そのうちスコードロンだけで9機あるそうだ。フレッドの知っている飛行場2ヵ所だけで20機あるという。どうりであちこちで見かけるはずである。その魅力は何なのだろうか。

「ヤクは感触が直に伝わってくるのです。この間ステアマンを操縦させて貰ったのですが、ヤクだと操縦桿を倒すとすぐに機体が反応してくれますが、ステアマンは30分くらいかかったかな、ハハハ。スホーイなんかもそうですが、機体が機敏に動いてくれるのです。後ろに人を乗せたとき言われたのですが、お前は何もしていないじゃないかと。それくらい操縦桿を僅かにしか動かさないのです」

ヤク52は変な形をしている。飛んでいるときも正座したように足（ギア）が見えているのだ。これにはわけがあるという。

「練習生なんかがギアを下ろすのを忘れたときは、プロペラからエンジンまで交換しないといけないからでしょう。実際にあのヤクだと下ろさなくてもそのままブレーキも効くようになっているのですよ。そういう設計なのです。たぶんフラップを一杯に下げていれば、フラップが多少ダメージを受けるだけですむのです」

もともと田舎に住みたかったというフレッドは、現在の環境を最高だと思っている。現在の家もノース・ウィールド飛行場に通っているときに不動産やを周り、8軒見せてもらったうちの1軒だそうだ。4ヵ月間交渉した結果、昨年の12月にロンドン中心のハマースミスから移ってきた。終日は一生懸命仕事をし、週末は一生懸命飛ぶという生活は最高だと語ってくれた。

「憧れの飛行機はもちろんスピットファイア、ムスタング、コルセアですよ。現実的にはヤク50。今乗っているのと似ているのですが、エンジンは大きく機体は軽いのです」

今年の目標は8月末の競技会がメーンだが、近いうちに今年の航空ショーの出演予定が決まるそうだ。昨年も、主な航空ショー10ヵ所に出演している。

8ヵ月になる娘は、生後4週間で初フライトを経験したと嬉しそうに語った。奥様も自家用免許を持っているそうで、そのうち娘にも教えたいということだ。子守をしながらのインタビューであった。

総飛行時間は約430時間、今までインタビューしたパイロットでは最も少ない方だが、飛行へかける熱意は変わらない。

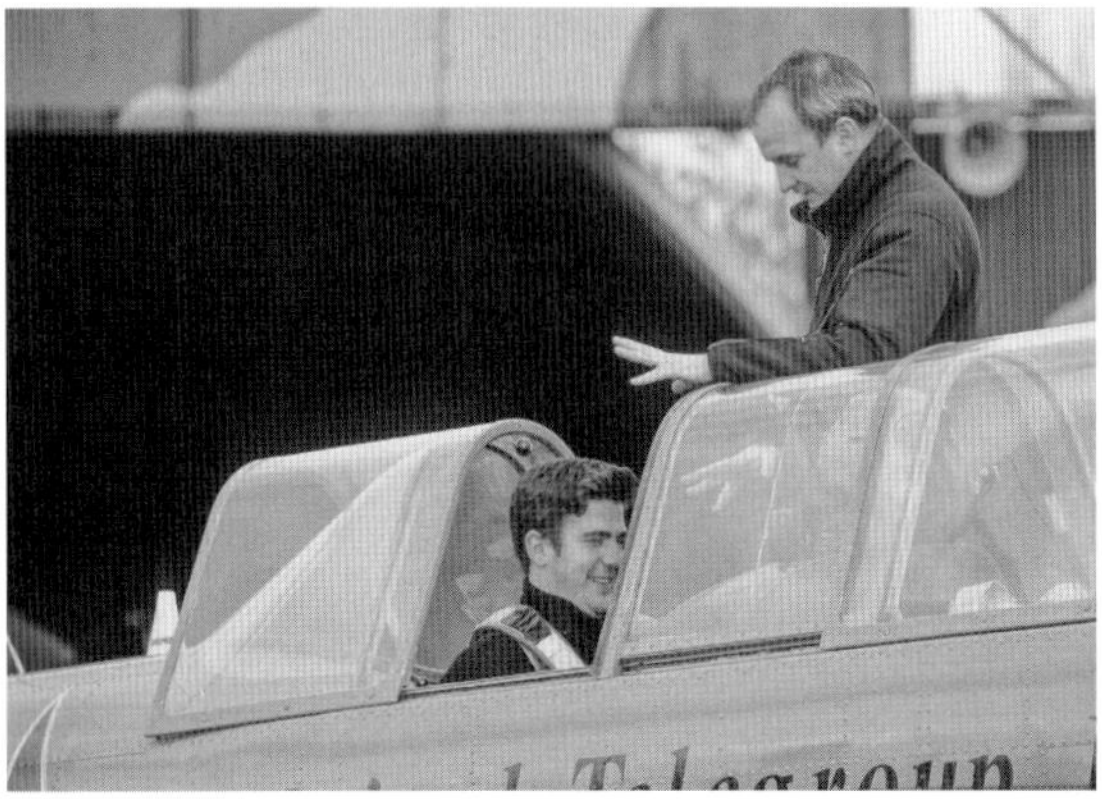

低価格でいろいろなアクロもこなせるYakシリーズは瞬く間にイギリスではポピュラーになった

ユーロファイターのテスト・パイロット

ジョン・ターナー

John Turner

スピットファイアと編隊飛行をしたときに、ロールをしてスピットファイアに追いつきました。

現在ブリティッシュ・アエロスペース社（以下BAe社）には8人のテスト・パイロットがいるそうだ。彼らの仕事は多様だ。ただ新しい機体をテストするだけでなく、現在製造中の機体についても改良点を話し合うことから、出来た機体を受注先へ届けたり、各航空ショーで宣伝のためのデモ飛行をしたりする。今回話を聞いたターナー氏とは、ロンドンでの「集中ビジネス講座」の終了した後に会った。ビジネス講座も、最近のパイロットには必要不可欠であるらしい。

ジョンは身長約185センチ、RAFのパイロット出身の中でも、がっしりした体格の持ち主だ。

そもそもパイロットになった動機を聞いてみる。

「僕の生まれ育った家は、芝滑走路のある飛行場のそばにあり、小さいときからオースターやチップマンクが頭上を飛ぶのを眺めて育ったのです。父は戦争中にRAF(英国空軍)の主計担当で飛行機とは直接関わりがなかったのですが、好きだったようです。僕が子供のころは、近くのワティシャムの基地が主催する航空ショーへ自転車で毎夏連れて行ってくれました。そのころ、僕にとって忘れられない思い出が二つあります。

5才くらいの時ですが、F-86セイバーの操縦席に座らせてもらい、記念写真を撮りました。それから、ブラック・アローズ、当時はハンターを黒く塗ったものでしたが、これを背景に写真を撮ったのです。この印象が鮮明で、小学校で黒い飛行機の前に小さな子供がいる絵を描きました。この絵は今でも両親が持っていますよ。

これ以来、僕は大きくなったらジェットを操縦するパイロットになるんだ、と誓ってきたわけです。小さいときから目標がはっきりしていましたから、幸せだったと思います。ところが、僕の息子は19才になるのに、未だ将来何になりたいのかわからないのです」と、涙を拭くまねをした。

ブラック・アローズとは、今のレッド・アローズになるずっと以前のRAFのアクロバットチームだ。その後、着実に戦闘機パイロットへの道を邁進した。「僕の住んでいたイプスウィッチにはエアスカウト（ボーイスカウトの航空版）が無かったので、14才まで待ってエア・トレーニング・コーに入りました」

先にご紹介したポール・ウォレン・ウィルソン氏も、このエア・トレーニング・コーの出身者だが、イギリスではたくさんの少年少女が放課後参加していることでも知られる。これがどういう組織なのか聞く。

「エア・トレーニング・コーというのは、今でもありますが、夕方学校が終わってからの活動です。僕の場合は、月曜と金曜日の夕方でした。主催はRAFで、気象学・通信・航空学など飛行に関することを勉強するのです。制服もありますし、軍隊ですからライフルの射撃も訓練の一環で、たまには実射訓練もしました。青少年クラブの要素が濃くて、ピンポンとか娯楽施設もあります。3ヵ月から半年に一回くらいの割合で、全員一緒にケンブリッジの空軍基地へ行きチップマンクに乗せてもらいました。僕が生まれて初めて乗った飛行機がこれで、14才にとっては素晴らしい経験でした。

16才から週末はグライダー・コースに通いました。僕自身がソロで飛んだのは、実はグライダーなのです。と言っても、3分くらいで降りてきていましたが。次のコースへ進もうとしていたころ、同時にフライング・スカラシップ（航空奨学金）をもらえることになり、飛行機の免許を取得するためサウスエンド（イングランド南東の町）に通ったのです。この時の飛行機はビーグル・パップです」

この時点まで、ジョンの両親が負担した額はゼロ。RAFは、いわば空軍予備隊ともいえる組織を通してこのように将来性のある子供たちを積極的に支援するが、何の制約も設けているわけではないそうだ。

「あと5時間というところまでRAFが負担してくれましたので、僕の両親は残り5時間分を支払いPPL（自家用免許）を取得しました。17才になったときで、まだ車の免許も持っていませんでしたよ。年間5時間飛ばないとPPLが取り消されてしまうので、免許と車を持っていた友人に頼んで飛行場まで送ってもらい、お返しに飛行機に乗せてあげるという日々が続きました」

「RAFに大学の奨学金を申し込んだら、大学へ行かずにすぐ入隊したらどうかと言ってきました。僕はどうしても勉強したかったのでヨーク大学へ入り物理を専攻しました。同時に大学の飛行クラブに入り、クラブを通じ再度RAFへ援助を申し込みましたら今回は受諾されました。RAFが直接何かの面倒を見てくれたということではないですが、エア・トレーニング・コーの時代から、僕にとっては資金面で非常な力となってくれたのは間違いありません」

ここまでは、パイロットとして順風満帆の道程だ。順調に卒業してRAFへ入隊するが、思わぬアクシデントに見舞われた。

「チップマンクでのソロは大学時代に終わっていましたので、ジェット・プロボストの訓練をクランウェル基地で受け第2段階の終了と共にウィング・マークをもらいました。その後、海兵隊で2日間の訓練があり、大きなロープの編み目を上る訓練があるでしょう、その最中に落ちて足を折り、肘も骨折してしまい18ヵ月飛行不可能と診断されてしまったのです」

「そのころには結婚式の日取りなんかも決まっていましたので、仕方なく僕が包帯姿のまま椅子に座り、式を挙げました」

怪我が治ったあとは、初期のホークで再度訓練を受け、戦闘機部隊へ配属された。

「訓練終了後、僕には3つの選択ができました。ファントム、バッカニアもしくはライトニングです。今でも不思議なのは、爆撃機で爆弾を落とす自分が想像できなかったことです。ファントムかライトニングがダメでも、ジャガーで爆弾を落とすなんて考えられないことでした。その時にはバッカニアでもいいと思いましたが、結局はファントムに配属されたのです。3年間ドイツの防空配備についたのです。ハリアーという選択もありましたが、ファントムは素晴らしい飛行機で満足でした。僕は教官になるのもいやでしたから」

ところが3年の勤務を終えた後、イギリスで嫌だったホークのインストラクターに任命されてしまったそうだ。

「結局、2年半教えました。でも生徒に教えることによって得られる満足感も初めて体験したのです。しかし、同じことの繰り返しに飽きて、いろんな所へボランティアを申し出ました。エチオピア、オマーンへの飛行なんかね。その中に空軍のテスト・パイロット募集の広告を見つけたのです」

テスト・パイロットの採用試験はどんなものだったのだろうか。

「面接と筆記試験でした。面接は、どれくらい飛行機のことを知っているのか、またどうしてテスト・パイロットになりたいのか、といったことをかなり詳細に聞かれました」

ファンボロー航空ショーは、イギリスの次期主力戦闘機ユーロファイター・タイフーンの存在をアピールさせる絶好の機会だ

「後輩パイロットのために飛行機を改良し、同じことで悩まないようにしてあげたい、と答えたのですが、幸運にもテストに受かったのですよ」

その後1年間は、ボスコム・ダウンにあるエンパイア・テストパイロットスクールで学んだ。1学期目は午前中が学科、午後が操縦訓練、2学期目からはとにかくいろんな飛行機に慣れるため一日中操縦ばかりしていたそうだ。

「ある時、午後にBAC1-11の授業を受け、再び翌日の午前中に飛んだことがありました。僕にとっては2回目のフライトで副操縦士、操縦席の生徒も2回目、フライト・エンジニア役の生徒は3回目のフライトだったのです。最初の難関は中に入ることでした。（笑）3人揃ってどうやって扉を開けたらよいかわからなかったのです。ようやく中に入り3人でマニュアルを一生懸命読み、とにかくチェックリストを一つ一つこなし、エンジンを両方始動するまで何と2時間半かかりました」

RAFのテスト・パイロットとしては、当時ほかにどんな飛行機を操縦したのか。

「コメット4、当時唯一飛行可能だったヴィッカース・バーシティ、ジャガー、アンドーバー、ライトニング、スピットファイア、ハーバード、シャクルトン、ヘリコプターではシーキング、ガゼルなども飛ばしました。こういった訓練によって、飛行機はそれぞれ特徴が違うけれど同じ飛行機なんだという実感を持つことができるようになったのは大きな収穫でした」

「その後、トーネードF・2の改修をしていましたので、僕はコニングズビー基地で、当初はやりたくなかった爆撃を練習することになりました。アメリカに遅れることたぶん2ヵ月、湾岸戦争のずっと前のことですが、ヨーロッパで初めて暗視ゴーグルを使って戦車を攻撃する夜間訓練をやりました。この訓練では、自分の可能性や視野がずいぶん広がったと思います」

　ちょうど湾岸戦争が勃発した時期だが、ジョンは偶然にも開戦直前にRAFを辞職。しかし、教え子たちは参加して、実際に夜間攻撃を体験することになったそうだ。

　1990年の9月に、現職であるBAe社のテスト・パイロットに応募する。社としてはでテスト・パイロットはいらないけれど、飛行学校の教官があるんだがと打診してきたので取りあえず承諾したそうだ。

「あと3週間でRAFを辞めるという時になって、トーネードのテスト・パイロットが一人急に辞めることになり、再度面接を受けました。正に、グッドタイミングでテスト・パイロットになれたわけです」

　1992年からは、ユーロファイターのテスト・パイロットになった。パイロットからみたユーロファイターを解説して貰う。

「トーネードにしろ今までのどの戦闘機と比較しても、以前より改良されたとかそういった良さではないのです。言葉で表現するのは、本当に難しいですね。操縦するのが非常に楽しい戦闘機であることは間違いありません。性能が格段に良くなっていることは当然ですが、コックピットも既存のモノとはまったく違うのです」

　ユーロファイターだけで、どれくらいのテストを行っているのか。

「僕一人で、今まで79回のフライトで60数時間飛んでいます」

「最初のユーロファイターは、DA2型でした。実際に操縦する前にシミュレーターで訓練をするわけですが、実機とシミュレーターはほとんど同じです。ただ一つの違いは、ロールをうつスピードがものすごく速くて、実際には体が投げ出されるような感じがするくらいの衝撃なのです。去年のファーンボロ航空ショーでスピットファイアと編隊飛行をしたときに、ロールをしてスピットファイアに追いつきました」

「機体が小さい場合、あまり機材を積むことはできません。ユーロファイターは必要な航空機材をすべて積める最小の戦闘機、ということができます。レーダー、データリンク、RST、レーザー探知器などを統括しているのです。顕著に異なるのが、コックピットで、パイロットに必要な情報が同じ画面やHUDに現れるようになっているのです。例えば、今はパイロットが時々燃料計や油圧系統をチェックして、飛行をしていいますが、こういうものは一切ありません。燃料が無くなりそうになったり、飛行機のどこかで不都合が起きそうになると、その度にコンピューターが教えてくれるシステムになっているのです」

　BAe社の宣伝には「現存する戦闘機でユーロファイターに適う戦闘機はない。唯一ユーロファイターに勝ると思われるのはF-22ラプターだ。しかし、F-22の1機分の予算でユーロファイターが3機購入できる」と書かれている。

　ジョンは、ユーロファイターの素晴らしい点をさらに語る。

「戦闘機のパイロットは、戦闘中あるいは哨戒中はその任務に没頭したいのです。油圧系統はどうだとかいちいち自分でチェックしながら任務を遂行する必要がないように、システムを出来るだけシンプルにしてあります。ほかの飛行機との連携に集中できるのです。もう一つの新しい試みは、たとえば敵地で目標を定めるのにボイス・アクティブ（音声で作動する装置）でミサイル等をロック・オン（照準に合わせる）できるということです。実際にミサイルを発射するのだけは手動のままです。コックピットでの作業が少なくなれば、当然ほかに集中できるのですから、パイロットにとっては最も時間を有効に活用できるわけです。無線の周波数を変更したり、コックピットのディスプレイを変えたり、ぜんぶ2単語の音声だけで済むのです」

　ジョンは、92年のファーンボロ航空ショーでホーク101を飛ばしたのを皮切りに94年にはホーク102、96年・98年にはユーロファイターDA2を操縦、ファーンボロでのBAe社のディスプレイパイロットとしてお馴染みになった。

　ジョンの飛行歴は、グライダーに始まり63機種にのぼる。総飛行時間は、4,000時間以上。もし怪我をして18ヵ月養生しなければたぶん再度訓練を受けることがなかったし、テスト・パイロットとしての今は無かったかもしれない、と言う。そして、自分はパイロットとして世界で最高の仕事をしている、と満足げに語った。

　このインタビューの前日に、ドイツ政府はユーロファイターを180機発注する旨を発表した。次世代の戦闘機として欧州の空を飛ぶ日は近い。

＊98年のファーンボロ航空ショーより、ユーロファイターは、正式にユーロファイター2000タイフーンと呼ばれるようになった。

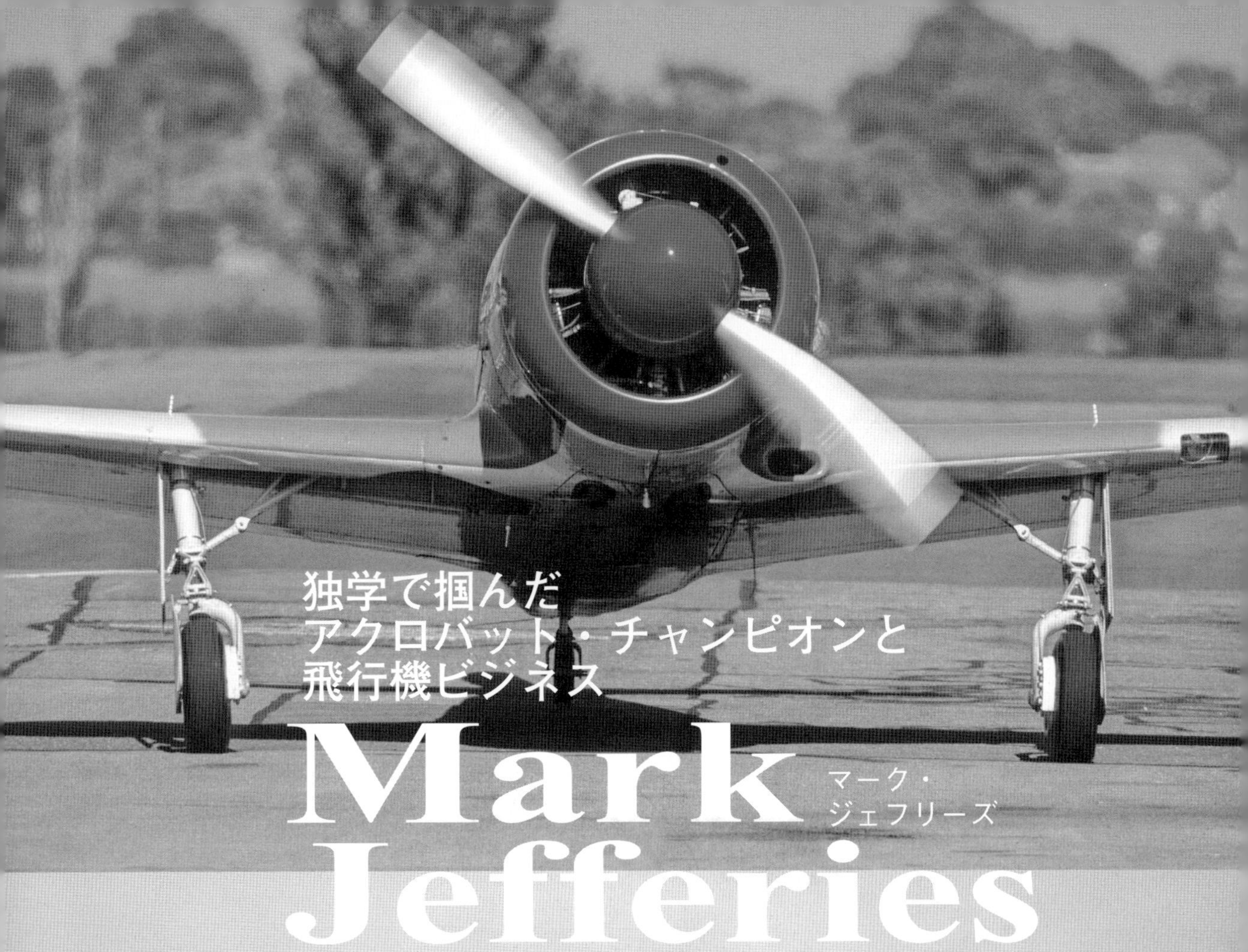

独学で掴んだ アクロバット・チャンピオンと 飛行機ビジネス

Mark Jefferies

マーク・ジェフリーズ

88年のファーンボロ航空ショーにはミグ29が飛来し、敵機襲来と間違わないように途中までトーネードが出迎えるという画期的な出来事があった。西側にはそれまで脅威として幻の存在に等しかった機体が間近に見れるようになり、今となっては旧東側のものも珍しくないご時世となった。

以来、身近にどれほどのロシア製の品物があるかというとこれは別問題。ロシア製品が流出したと言うより、西側の製品がどっとロシアを襲った感がある。この間、ヤクの練習機をいち早く輸入し、ビジネスマンとしても成功した人物がイギリスにいる。

ロンドンから車で約1時間強、飛行機コレクションで有名なダックスフォードとシャトルワース・コレクションの間にあるリトル・グランスデン飛行場、ここの所有者マーク・ジェフリーズがその人だ。ご紹介したフレッド・バセット氏もマークからヤクを購入した。

リトル・グランスデン飛行場の脇にあるYakUK事務所兼整備工場でインタビューを行った。

家に滑走路があるのだから相当飛行機を身近に育ったことは伺える。飛行機とのかかわりを聞いてみる。

「僕の父が1966年に自家用免許を取得してタイガー・モスを購入しました。それに乗せて貰ったのが最初で、僕が7才のころです」

ここは元々滑走路付きの農場だったのか、もしくは新しく飛行場を建設したのか。

「僕の家は代々農家で、今でも400エーカー(約50万坪)は農地です。9エーカーを飛行場にして850メートルの滑走路を作ったのは父なのです。今では不可能なことです。僕は小さいころは、グライダーなんかのプラモデルを一生懸命作っていました」

「僕が自家用免許を取るのには少し時間がかかりました。まず、エアー・カデット(RAFがスポンサーとなっている少年航空隊)に入隊して、初めて本物のグライダーに乗せて貰ったのです。その後は、チップマンク、ニムロッド、バーシティ、ピューマ、ハスキーなんかに、同乗させてもらいました」

本を買って一生懸命読みました。それだけです。

実際に免許を取得したのはいつなのだろうか。

「僕が21才になったとき、父のタイガー・モスを借りることになりました。燃料代も保険代も自分で払って、教官の免許を持っている友人から習ったのです。彼はガス会社に勤務していましたので、勤務時間にガスの点検と言っては僕の家を訪れ、教えてくれたのです。今だから言えますが。(笑)あんまり詳しく言うと、CAA(民間航空局)からもう一度免許を取り直せ、と言われそうですよ」

本来はどこかでガスの点検や修理をやっていることになっていたのだから、確かに見つかるとまずい話のようである。

「僕は、17才でグライダーを33回、自家用免許を取るためにタイガー・モスに40時間乗りました。最終的には50時間乗りました。それ以前、父がビュッカー・ユングマンを購入しましたので自分でスペインまで引き取りに行き、車でこの飛行場まで運んだのです。父の指示で組み立てましたが、8ヵ月かかりました」

マークはアクロバットの英国チャンピオンだった。いつ誰からアクロバットを習ったのだろう。

「ニール・ウィリアムズの本を買って一生懸命読みました。それだけです。誰からも習っていないのです。まったくの独学なのです」

アクロバットの練習に夢中の余り、途中で燃料切れになったことが3回もあるそうだ。

「84年からアクロバットを始めて、85年にはスタンダード・レベルで優勝しました。86年はインターミディエート(中級クラス)のチャンピオンになり、87年はオランダでアドバンス(上級クラス)のチャンピオンになりました。91年からはイギリス・チームとして出場していましたが、95年は南アフリカの大会で10位でした。今、僕の腕は確実に落ちていますよ」

アクロをやるには、時間もお金もかかって大変だと聞いていた。トニー・ヘイグ=トマス氏は、ガールフレンドを作る時間もないからやめた、と語っていた。

「その通りです。僕は自分のミスは全部わかっていますから。今年の7月末にも大会があるのですが、まだ練習をしていないのです。こんなことじゃいけないのですが」

ところで、飛行機ビジネスの景気はどうなのだろう。また、旧ソ連製というとアフター・ケアなどの面でも不安が残りそうだが、最初からヤクに目を付けていたのか。

「まだポンドが2対1でドルと交換

できたころ（※現在は1・6対1）アメリカからピッツ・スペシャルを輸入して組み立て、また輸出していたのです。ところが89年にはポンドが急落してしまい、この商売は成り立たなくなりました。

　それで目を旧東側に向けたのです。ぼちぼち東側の製品が出てきていましたが、数や種類はまだまだといったところでした。90年から91年にかけてはエジプトからフランス経由で入手したヤク11を自分で組み立てて売っていました。同時にズリンを購入するためにルーマニアを訪れていたのです。友人の紹介で現地の人と会い、以前写真で見たヤクの話をすると、その人が『その工場ならここから3時間くらいで行けますよ』と連れていってくれました。僕は自分のヤク11用の部品が欲しかっただけなのですが、アエロスター社では西側にヤク52を売ることを考えていました」

「僕はロシアにも何度も行きましたし、ヤクを安く売ってくれると言う人達にも随分会いました。でも、ロシア人とは商売ができないな、と思ったのです。僕のヤクはルーマニアのアエロスター社の工場でライセンス生産されたものなのです。アメリカに売られたヤクは、ほとんどが中古のひどい状態のロシア製で、その結果ヤクの評判を落としてしまい残念です」

　最初からヤクを販売するのに抵抗はなかったのだろうか。また、旧東側の製品はこちらではどのように評価されているのだろう。

「最初僕はヤク52を売るつもりはありませんでしたが、そのうち僕のヤク11の写真を雑誌で見たというオーストラリア人から電話を貰いました。自分はモスクワに住んでいるので、自分の代理店になってロシア製の飛行機を売って欲しいというのです。よさそうな話なのでつい乗りましたが、僕の支払いに対して彼が送ってきたのはほとんどスクラップ同然のひどいものばかりでした。それなのに僕に売る能力がない、と再三イヤミを言われ遂にお金も底をついたので契約を解消したのです。1、000ポンドくらいの鉄屑同然の飛行機を3万ポンドで売ることを期待していたみたいですから、所詮無理な話なのです」

「簡単に話しますと、僕が支払った代金は、結局このオーストラリア人が別の人を騙したお陰で戻ってきたのです。ここにあった鉄屑と引き替えでしたが、大型トラック8台があっと言う間に飛行場をきれいにしてくれました。そういうことで正式にヤク52をルーマニアから輸入することになったのです」

　飛行機輸入と一口に言うが、どのようにしてイギリスまで持ってくるのだろう。

「僕自身が取りに行きます。操縦して持って帰るのです。友人が行ってくれることもあります」

「新品はルーマニアに注文しますが、他にも中古を買ってここでオーバーホールして売ったりもしています。旧東側だけではありませんが、商売をするとなればやはりパーツがちゃんと手に入るルートを持つことが大切になります。旧東側の国営企業は手数料がかかるわりに良くない品物を送ってきたり製品管理が杜撰だったりしますので要注意です。それより、西側と商売をしたいと願っている信頼できる個人と知り合うことがコツでしょう。僕の飛行機の塗装はそういった個人会社に頼むのです」

　本来の塗装とこの個人会社がやってくれる塗装の違いはどこにあるのか。そのままでは、やはり売りにくいと話してくれた。

「ヤク自体は軍用としてコストのことも考えずに設計された優秀な機体なのですが、塗装は錆びなければいい、という程度のものなのです。風が強いときでも平気で塗装しますので、砂をかぶったり表面がざらざらでも気にしません。西側の基準とは比較にならないのです。だから、僕は優秀なリトアニア人の会社に西側の塗料を使って貰っているのです」

　飛行機のオーバーホール（分解修理）は、車よりずっと手の掛かるものに違いない。部品の調達などは、問題にならないのだろうか。

「オーバーホールにかかるのは、1機当たり3ヵ月くらいでしょうか。あまり効率の良いビジネスとは言えません。僕が売っているのはブラニク・グライダー、ズリン526、1946年の初等練習機だったヤク11、4人乗りで担架も乗せられるようになっている救急飛行機ヤク12、4人乗りでアエロフロートのパイロット訓練に使われているヤク18T、アクロバット専用のヤク50、アクロもできて軍事訓練用のヤク52といったところです。最近はL-29とかL-39といった小さなジェット機も販売するようになりました」

　ヤクの販売実績は、どのくらいだろうか。また、一体どんな人たちが購入しているのか。また、ヤクの何を気に入って買ってくれるのか。

「今までにおおよそ70機くらいです。お客さんは世界11ヵ国にいます。客層は高貴な人から底辺まで、いろんな人です。旧軍人から現役の空軍大将、航空会社のパイロット、ビジネスマンが今まで買ってくれています。開発されただけあって、中身はつまり塗装以外は西側の飛行機の比ではないのです。空軍に入って戦闘機乗りになりたかった人達にとっては、せめてその感触を味わえる飛行機として人気があると思います。セスナで宙返りをするわけにはいかないですから」

ところで、どこよりもお買い得だという気になるお値段を聞いてみた。

「中古で4万ポンド（約800万円）＋消費税（イギリスでは17・5％）新品だと6万ポンド（約1、200万円）＋消費税になります。これには、特別訓練なども含まれています。モスクワで僕にヤクを売ってくれるという人が話しかけてきて、中古で6万ポンド、しかもオーバーホールは別だと言っていましたから。それなら僕がもっといいのを安く売ってあげる、というとびっくりしていました」

YakUKでは、何人働いているのだろうか。

「最近別会社にしたエンジン工場を含めて常時18名が勤務しています」

マークは、父親が病床につく1979年まで農場を手伝っていた。86年に亡くなった後は、兄弟で農場を継ぎ飛行機のビジネスも拡張して現在に至っている。

今までに乗った機種は？　と質問すると「そんなことわからないよ」と言って笑った。「多分130機種くらいだろうけど」という。「じゃあ、総飛行時間は？」と聞くと「それも答えられないなあ、でも最低2,500時間かな」と教えてくれた。

英国の田園風景を飛ぶYakシリーズ、英国でこの飛行機を有名にしたのはマークである

Tim Senior《ティム・シニア》

すべてはパブから始まった。

日本では三菱パジェロと呼ばれている4輪駆動車は、イギリスではショーグンという名前だ。そのショーグン宣伝の一環として、イギリスではショーグンの屋根から可愛い飛行機クリクリが離陸し、観客の目を楽しませている。このクリクリを操縦していたのが、ティム・シニア氏だ。クリクリ以外でもバター・メーカーやチョコレート会社の宣伝のために、アントノフやボーイング・ステアマンも操縦してイギリス中を飛び回る。

ティムの飛行機への興味は、ひょんなことから始まったと語る。

「１９８４年でしたか、冬の寒い雨の降る日に、家の近くのパブで飲んでいるとき、飲み仲間のルーパートというのが『誰でも乗せてやるからこんど飛行場に来い』というのです。ものすごい酔っぱらいで、あれを見ていた僕たちは誰もその誘いに乗りませんでした。でもある日思い立って飛行場に行ってみると、いつも見慣れた酔っぱらった彼とはまったく違い、まじめにちゃんと飛行機の説明をしてくれ、これなら大丈夫だと思い乗せて貰いました。やってみる？と聞かれ、初めて操縦桿を触りタキシング（地上滑走）をしました。乗せて貰って、ああこれが僕のやりたいことだったんだと改めて思ったのです。その飛行クラブにルーパートの友人がいて、その人が翌週にはアクロバット飛行をするから来ないか、と誘ってくれました。アクロバットを経験して、益々これが僕のやりたいことだと確信したわけです。それ以来、飛ぶことは僕の大切な生活の一部となっています」

あっという間に飛行機の魅力に取り憑かれたそうだが、ＰＰＬ（自家用免許）はその後すぐ取得できたのか。

「ちょうどその頃は電気配線の会社を自分で始めたばかりでお金もなかったのですが、とりあえず飛行機学校に電話をしたのです。そうしたら、最近校舎がネズミにやられて電気配線を緊急にやりなおしたいということで、学校はともかく仕事に行くことになりました。（笑）配線工事をしていると、そこの教官、デズというのですが、彼がいつから訓練を始めるんだ、と聞くのです。『まだわからない』と答えると、じゃあ昼休みに待っているから、と。それが僕の最初のフライトで、離陸の仕方もその時に初めて聞いて、飛び上がりました。デズは元ＲＡＦのテストパイロットで、ボスコムダウンで当時はバルカン爆撃機などのテストをやっていた人なのです」

免許を取得するのには、どれくらいの期間が必要だったのだろうか。

「実際にはお金がなくて2年かかりました。その間ある人が毎年恒例になっている『宝探し』をやるのでつき合わないか、と誘ってくれました。空から問題のヒントとなる場所を回って答えを見つけるのですが、まだ2時間半のフライトしかしていないころなのに、自分はヒントを見つけるので忙しいからと、僕を左側に座らせ、ほとんど操縦を僕に任せたのです。そんなわけで、僕自身のソロフライトは5時間目で達成しました。

めちゃくちゃな遊びもやりました。
例えば8分6秒で何回タッチ・アンド・ゴーができるかというようなことです。

デズは、メンテナンス会社のテストも請け負っていて、一緒に飛ぼうとよく誘ってくれたのです。だから初心者なのに、スピン（きりもみ）だのストール（失速）だの飛行機の限界の体験をさんざんしましたので、普通の人とは随分違う経験をしたのです」

他人の飛行機には随分乗っているらしいが、自分で飛行機を所有しているのか聞いてみる。

「飛行クラブの会長をしていたアレスター・ケネディという人がいるのですが、僕の近くに住んでいるのです。彼はバラバラの飛行機を修復に出して2年間手つかずのままだとこぼしていました。それで、僕が修復を請け負うことで飛行機の権利を貰うことになりました」

「元オランダ空軍のパイパー・カブで、迷彩塗装なのです。ちゃんと、オランダ政府と空軍からオリジナルのＲ１６７という番号や迷彩塗装をする許可も貰ったものです。ただし、友人のトラックで引き取りに行くと、本当にバラバラでそれを別の友人宅の元豚小屋へ運びましたが、大きくて入りきれないので小屋の横に穴を開けたりしてやっとで中に入れることが出来ました。それから11ヵ月間、夕方や週末の暇なときに修理をしました」

「友人宅は、スタンステッド空港から畑二つ隔てた場所なのですが、小屋のそばに滑走路があるのです。と言ってもわずか４００フィートで、しかも片側は送電線、もう片側はポプラ並木、正面には別の大きな木があるという最悪の場所です。しかも、飛び上がっているうちに横風がどんどん強くなったのです。降りたときには横風が30ノット近くになっていましたが、ポプラ並木のせいで風を遮ってくれていたので、それほど危なくはありませんでした。でもこのせいで、僕は横風が得意になったのでしょう（笑）」

このパイパー・カブを十分に堪能したと語ってくれたが、どんな所へ出かけたのだろうか。

「それこそヨーロッパ中飛びました。ちょうど『夜明けから日没まで』という競技会があったのです。期間3ヵ月の間に自分でいつどのルートでどこの空港に降りるという予定を提出して実行するのです。１日最低は6〜7時間のフライトが条件でした。これで東ベルリンにも飛びました」

ということは、まだベルリンの壁がある頃だ。

「そうです。１９８９年ですから崩壊寸前でした。西ドイツからわざわざデンマーク経由でバルト海を南下しなければならなかったのです。ところが、バルト海で西側に戻るには燃料が足りないが東側も危ない、ということに気づきました。僕が操縦をして、デズがナビゲーションをやっていたのですが、二人で万が一の時はどこかの道路に降りてガソリンスタンドで給油しようと考えていたのです（笑）。結局、ガソリンスタンドらしいものも見つからないまま、東ベルリンに到着しました。やっとで着陸許可を貰って灰色の壁を越えて降りた途端、僕たちの飛行機を挟むように滑走路の両脇に雷が2本落ちました。これは忘れられない光景です」

ものすごい歓迎だったと、目を丸くして語り続ける。

ティムはアクロ・パイロットと言うよりはスタント・パイロットと呼ぶにふさわしい、派手な飛行もしっかりした操縦の基本が重要

「しかも雨がもの凄く激しくなってどこにタキシングしていいかもわからず、迎えに来た車も途中で迷ってしまいました。空港ビルに到着したのですが、何せオランダ空軍の迷彩塗装ですから、随分と不思議がられました。冷戦時代に東側に着陸した唯一の西側の（オランダ）空軍機でしたよ（笑）。」

許可の申請に始まり、実際に到着してからも旧東側だといろいろと不都合なこともあったのではないだろうか。

「僕は未だに東ドイツから来た着陸許可のテレックスを持っていますよ。そういえば、翌日帰るときに特に指定がなかったので適当に離陸したのです。1,500フィートくらいで航行していたのですが、管制塔から『位置を知らせろ』としつこく聞いてくるのです。最低限の計器で、窓から見えるのは森と湖ばかりだと伝えました。その直後、下を見たら巨大なマッシュルームのようなものが8個見えたのです。それぞれに鉄道線路が続いていて、何と弾道ミサイルが見えたのですよ。よほど写真を撮ろうかと思いましたが、どうりで管制塔がうるさく聞いてきたはずです。迷彩の空軍機ですし、ずっと我々の動きを見張っていたので、そのまま西ドイツ側に着陸でも強行したら間違いなく西のスパイとして撃ち落とされていたかもしれませんね」

ベルリンには空港が3ヵ所あるが、旧東側で着陸許可したのはどこなのか興味深いところだ。

「シェーネフェルトです。当時はそこしか許可がおりませんでした。計画ではその後プラハに飛んで、スイスへ行きフランス経由でイギリスに戻るつもりでした。ところが、雷がものすごくてとても飛べないと判断して諦めたのです。それでデンマーク経由でフランスへ行き、少し休んでイギリスへ戻りました。その週は1週間で30時間フライトしましたよ。結局、僕たちは15位となりました」

「話は戻りますが次に、キール（フランス）の空港で聞いたら気温が華氏100度もあるというのです。（摂氏37度）しかも管制塔でですよ。離陸するのに1、500メートルだったか2、000メートルか忘れましたが、滑走路全部を使ったような気がします」

ところで、アクロバティックはいつから始めたのだろう。

「具体的に勧めてくれたのは、アントニー・ハットン氏です。イングランドの南まで飛行機を取りに行ってノースウィールドに戻ってきたら、吹雪なのです。どうしようと悩みましたが、生きるか死ぬかだと思って吹雪の中に突っ込みました。無事に着陸できたのですが、その時にキースという友人が来て『こりゃ大変だ』というのです。事務所に入るとアントニーが『天気はどう？』としらじらしく聞きました。僕がいつも普通に離陸しないのを知っていましたし、どうにかするとタキシングを車輪二つでやったりしてましたから、アクロバティックでもしたらと勧めてくれたのです（笑）」

遅く飛び始めたわりにはDA（ディスプレイ用）やCPL（事業用免許）を取得している。一体、電気技師をやりながらいつそんな暇があったのか不思議なくらいだ。

「89年の後半です。ギルフォードのカレッジに通いました。実際のテストでは飛んでいる最中に計器に目隠しをして、今高度3、000フィートでエンジン不調、ここからコンプトン・アバスに着陸しろ、というものです。コンプトン・アバスはそこだけが丘の上のようになっているところで、飛んでいる場所からは右旋回で行かなくてはいけなかったので好きなコースではなかったですが、何だこんなものかと思いました。なぜかというと、スコードロンのクラブでは『スポーツ・デイ』というのを設けて、滑走路にベッド用シーツを広げてそこに上空からタッチ・アンド・ゴーするというものでした。だから、いわばしょっちゅう練習していたようなもので、簡単だったのです。そういえばスコードロンでは、もっと悪いことというか、めちゃくちゃな遊びもやりました。例えばみんなで賭けて8分6秒で何回タッチ・アンド・ゴーができるかというようなことです。離陸から最初のタッチ・アンド・ゴーまで46秒かかりましたが、結局16回できましたよ」

確かに、日本では絶対に誰もやれないし、やらないことだ。

「そういう馬鹿なことばかりやっていたのが、計らずもよい練習となっていたのです」と笑い飛ばす。

「CPLを取得したのは89年の12月です。10年間で6万ポンド飛行機に使いましたので、年間6千ポンド（約120万円）ですね。電気技師として暮らしながら余暇に使うお金ですから、けっこう大変でしたよ」

実は、ティムはテスト・パイロットの免許も持っているのだ。

「そうです。エディ・コベントリーという人と知り合って話していたら、スタンプを持っているけれど尾翼の部分の修理がまだ終わっていないのでハンガーで寝たままだというのです。それで『君が尾翼をなおしてくれたら飛んでもいいよ』と言ってくれました。それで早速修理して、ボブ・コールというCAA（民間航空協会）のチーフテストパイロットに話すと、そのスタンプのテストをやってあげようということになりました。本当はテスト・パイロットになるには最低500時間飛んでいないといけないのですが、僕は当時で多分380時間くらいだったと思います。それで、スタンプを操縦したのですが、スタンプというのはインバーティッド・フュール・システムというのがあって、背面になる前に燃料を切り替えるのです。このスタンプの場合には切り替えても、背面になった途端ストール（失速）しました。その他にもいろんなテストをして、降りてきました。ボブは『自分が納得すればいいことだから』と、幸運にもテスト・パイロットの免許をくれたのです」

テスト・パイロットになると、どこで働くのだろう。それほど仕事はあるのか。

「テスト・パイロットは必ずどこかの飛行機のメンテナンス会社所属になります。僕もそうしていたのですが、その会社は余りよいメンテナンスをしていませんでした」

「いつも何か悪いところがあって、ストールしたうえに昇降舵も戻せなくなったりしてね。そこを修理するとまた違うところがでてきたりしてね。それで、こんなだったらそのうち飛行機が飛ばなくなるぞ、と脅したのです。その時、別の会社でテスト・パイロットをしている人がいて、飽きたので会社を交換しようと言い出したので喜んで了承しました。彼の最初にテストした飛行機は、結局滑走路で止まったままだったそうです。それからアントニー（ハットン氏）から連絡があり、ノースウィールドのテスト・パイロットもやることになったのです。アントニーのファルコをイタリアまで取りに行ったのも僕です」

三菱ショーグンの時に使ったクリクリは、小さくて可愛らしい飛行機だが珍しくもある。一体どんな飛行機なのだろうか。

「面白い飛行機ですよ。18馬力2ストロークのエンジンが2基、最高6、500回転です。大気速度70マイル（112km／h）、つまりショーグンが70マイルに達したときに運転手が僕のクリクリについているフックをはずしてくれるのです。一応プラス9Gからマイナス4・5Gまで耐えることになっていますが、航空ショーなどではプラス6Gからマイナス2・5で演技しています。ダイヤフラムキャブレターがついているので、死ぬほど背面飛行ができるのです。僕は一度チェルトナムからサイレンセスターの間（約25キロ）全区間を背面で飛んだこともあります（笑）」

今までに操縦したのは約130機種、総飛行時間は1、000時間を越えた。好きな飛行機はファルコ、操縦してみたい機種はピラタス・ターボポーターだそうだ。

スキープレーンとピッツで翔る空

Wayne Jack

ウェイン・ジャック

氷河への着陸とアクロはどちらも大切な仕事

パイロットのウェインとは、1990年ニュージーランド南島にあるグライダーで有名なオマラマ飛行場で知り合った。当時はまだマウントクック航空の若手パイロットとして（今でも若いのだが）スキープレーンを操縦する傍ら、休暇を利用してオマラマではグライダーの牽引をして飛行時間を稼いでいた。ラフな格好をしたお兄さんはとてもパイロットには見えなかったのだが、空を飛ぶ腕前はなかなかであった。

ニュージーランドの大半の住民は、イギリスからの移民だ。ウェイン自身は5世代目という新興国では古い家系にあたる。

ウェインは今、中堅パイロットとしてマウントクック航空でスキープレーンを操縦しながら、自分の家を売って買ったというピッツ・スペシャルをクイーンズタウン空港に置いて、アクションフライトという会社を経営している。

いつ頃から飛行機のパイロットになりたいと思っていたのか。

「小さいころから、漠然と思っていたのです。でも、その頃はどちらかというともう一つの人生目標だったスキーが得意で、そちら方面に夢を描いていました。僕は、ニュージーランドのナショナルチームに選抜され、カナダに行ってスキーの練習や国際試合に参加したりしていたのです。スキーと飛行機の共通点はスピードです。結局、飛ぶ方を選んだのでスキーヤーの夢はあきらめてしまいました。とにかく、将来何になるかという職業選択のときになり、とりあえずマウントクック航空に勤め始めました」

「最初の2年は地上オペレーションの仕事をし、そのあいだに全給与をつぎ込んで自家用免許を取得しました。他のパイロットが離着陸するのを見て、僕も絶対仲間になるぞ、と決めていたのです。89年にはネルソンにある航空カレッジに4ヵ月行き事業用免許を取得するための勉強をしました。ここクイーンズタウンは山あり谷ありで山岳用の訓練にはもってこいの場所ですので、ここで更に訓練を積みました。最後にオークランドの学校へ行き免許を取得しました。事業用の免許のために通算で1年間かかり、それもネルソン、クイーンズタウン、オークランドと3ヵ所に分散していたのです。その間は、マウントクック航空の地上勤務員として働き、管制官から営業までそれこそいろんなことをやりました。

マウントクック航空で正式にパイロットとして採用されるまで、ワカティプ・エアロクラブのパイロットとして操縦し、またワカティプ航空というのがミルフォードサウンドへのチャーター飛行をしていましたので、そこでも飛んでいました。当時はグラマン・アグリキャットという複葉機も操縦しました。これにはプラット&ホイットニーのワスプジュニアという450馬力のエンジンがついていて、僕が操縦していたのは前席に二名の乗客を乗せるように改造された機体でした。それで遊覧飛行やらちょっとしたアクロバットをしてお客さんを乗せていたのです。その他にもグライダーをやりながら、グライダーの牽引をやったり、マウントクック航空でパイロットとして採用されるまでずっとこういう生活が続いたのです」

毎日のコンディションを確実に知るために、
毎朝担当のパイロットが現地調査にでかけます。

どうしてもパイロットになりたいという姿が目に浮かぶようである。憧れのマウントクック航空で正式にパイロットになるまでには、いろいろ苦労があったようだ。

「パイロットになれたのは、90年の末です。それ以来、スキープレーンを操縦しています」

スキープレーンで氷河に着陸するというのは、難しいのだろうか。戦時中は日本陸軍も中国本土で、三式戦飛燕にスキーを履かせたことがあるそうだ。ちなみにマウントクック航空は、1955年にサー・ウィリー・ハグリーが始めた世界でも珍しいスキーを履いた飛行機での営業を始めた会社だ。現在スキープレーンで営業しているのは他にカナダに存在するだけだという。

「通常の飛行とは全く違うものが要求されます。ですから、スキープレーンでの訓練は、天候・雪質などいろんな状況を把握するために十分に行われるのです」

マウントクック空港は国立公園の中にある飛行場だ。空港常勤だけで、何人パイロットがいるのだろう。

「マウントクック空港には、固定翼（飛行機）が14人と回転翼（ヘリコプター）が5人勤務しています」

「マウントクック地域では、かなり四季がはっきりしています。夏はほとんど雪が溶けて、場合によっては大きなクレバスが現れることがあるのです。12月から1月にかけて、どれくらいのクレバスがあるかによって着陸が不可能になります。また夜は零下になって雪が積もるのですが、昼間にはそれが溶けて固まり、岩のように堅い氷になることもあります」

マウントクックならではの苦い経験を聞いてみた。

「一度セスナ185を操縦していたときですが、これにはピラタスのように逆噴射装置がついていないのです。それで硬い氷のような氷河面に着陸し、横向きに飛行機を駐機するのですが、停まらずにまた離陸したこともあります。通常は飛行機を高い方へ向けて着陸させ方向転換をし、自分は飛行機から降りて機体についている綱を引っ張って駐機させるのです。

また昼になると今度は氷が溶け上から見ると真っ白、つまりホワイトアウトという現象になり、まっ平らに見えて着陸するのに目測できないこともあり、これは困難を伴います。

これが冬になるとコンディションは全く違います。雪が一晩で4メートルも積もったことがあり、着陸したピラタスが埋もれたこともありました。そんなところで逆噴射をかけると雪が散ってほとんど雪嵐のようになるのです。また積もったばかりの雪がさらさらで、しかも風が吹くとこれが大きな波のうねりのような形になります。さらにそこに雨が降りまた夜に冷え込むと、そのまま固まりますので、大きな氷の波ができます。

マウントクック空港のような奥地では、天候や現地の状況を教えてくれる気象官などはいませんので、毎日のコンディションを確実に知るために、毎朝担当のパイロットが現地調査にでかけます。そこで風向きがどうだとか、着陸地点の雪質がどうだとか、実際に調査するのです」

雪質などの調査を具体的にはどのようにやるのか、非常に興味深い。

「僕たちが乗っているピラタスの場合には、スキーのエッジで雪をひっかけて雪質をみるのです。普通の人にはわかりにくいかもしれませんが、僕はスキーをやっていたので雪質や山岳地帯の天候をよく知っています」

ピラタス・ターボポーターで氷河に着陸する場合は風向きは関係なく、いつも氷河の下から上へ向かって着陸するのだそうだ。

「風向きに関わらず、下から上へ、離陸はその反対で上から下へです。実際に、着陸地点にはものすごい傾斜もあります。ですからファイナルアプローチ1マイルくらいになると、飛行機の上昇能力よりも山の傾斜の方が勝っているところもありますからやり直しがきかないのです。これも経験さえ積めばこなせるようになるのですが、最初は大変です。ですから、僕たちのやっている飛行は普通の飛行と比較しても条件が厳しいと言えるでしょう。この地方のパイロットは、山岳地帯の激しい天候の時にも出動しなくてはいけないことも多いのです。南西の風はこの山にあたってタービュランス(乱気流)の多い飛行になりがちですし、変わりやすい天候にはいつも気を遣っています」

山岳地方は天候が変わりやすいが、実際年間のうち飛べるのはどれくらいの期間なのか。

「だいたい6割から7割は大丈夫です。観光客でクック山の姿も見れなくて帰る人がたくさんいることを考えれば、健闘しているといえるでしょう。

年間を通して一番の問題はフラットライト（雪のため高低がわからなくなる現象）でしょうね。実際の積雪が1フィートなのか数メートルなのか、なかなかわからないものなのです。だからこそパイロットの経験に頼るしかありません。スキープレーンでの営業は遊覧飛行なのでよく状況を把握した上でしか飛びませんから、非常に安全なのです。たまには悪天候で動けない登山者を救出に行くことがありますが、そうでない限り非常に安全な環境といえます」

ところでマウントクック地域でスキープレーンに乗るのは、どの季節がお勧めなのか、聞いてみた。

「やはり冬ですね。雪は確かに深くてコンディション自体は大変なものがありますが、晴れると本当にさわやかで透き通っているのです」

94年に購入したというピッツ・スペシャルについて聞いてみる。アクションフライトという会社を作りクイーンズタウンで営業しているが、マウントクック航空は、社員がこういう会社を別に経営することを歓迎しているのだろうか。日本だと難しいに違いない。

「僕自身が、マウントクック航空の仕事に支障をきたさない限り、大丈夫ですよ」

アクションフライトは、一般人にニュージーランドで最高の景色と飛行アクロバットを同時に体験して貰うために、始めた会社だ。今まで何人くらい

ピッツを操縦しているときは、空のフェラーリの感覚。

が乗ったのか。

「全部で3､500人くらいです。中には76歳の誕生日に乗ってくれた、元零戦のパイロットがいました」

アクロバット飛行は、そんなお年寄りでも大丈夫なのだろうか。どの程度までのアクロが楽しめるのか。

「僕自身が操縦したのですが、実は心臓麻痺でも起こしたら大変だと心配していたのです。ピッツでは気分が良いときは親指を上に、気分が悪くなると下に下げるようにサインを決めているのですが、彼は最初から最後まで親指を上に上げっぱなしで『もっと過激に』とサインを送ってくるのです」

「この元零戦パイロットの時でも、ループでプラス4・5、ストールターン（失速させて方向転換をすること）までやりました。その上マイナスGもやって欲しいということで、心配だったのですがとても楽しんでくれたみたいで嬉しかったです。ピッツの上翼には広角ミラーがついていて、いつも前席の様子に注意しているのですが、彼の場合は小さなヘルメットの下からずっと大きな笑い顔が見えていましたよ」

「元航空自衛隊のF-15のパイロットも乗ってくれました。ピッツの方がすべてのマヌーバが小刻みにできるので、とても喜んでくれました」

実際に体験するアクロは15分くらい。実は私はジェット・コースターにも乗れない人間だが、15分のアクロ体験飛行は遙かに安心で快適であったことを、付け加えておく。

「今までに操縦したのはセスナ8機種、パイパー8機種、ノーマン・アイランダー、パイパー・チーフテン、パイパー・アズテック、ピラタス・ターボポーター、グラマン・アグリキャット、ピッツなど40機種くらいでしょう。好きなのは、3機種。例えばピッツを操縦しているときは空のフェラーリのような感覚で操縦できるので好きです。スキーがついているピラタスは、飛行の可能性に幅があり大好きです。またパイパー・チーフテンも操縦感覚が良くて好きな飛行機ですね」

まだ、欲しい飛行機があるのだろうか。隣からガール・フレンドが「飛行機より家」と呟いている。

「ただ飛ばして楽しむだけでしたら、小さいころから憧れのムスタング。現実的に欲しいのはアクロバットのできる2人乗りのスホーイSu-29かSu-31ですね」

現在までのピラタス・ターボポーターでのフライトは6､000回を数える。また総飛行時間は3､000時間になった。

パイロット・プロフィール

Ray Hanna　レイ・ハンナ

RAF（イギリス空軍）の誇りであるアクロバット・チーム『レッド・アローズ』の隊長としてその名を一躍有名にした名隊長である。1971年に空軍を退役。第二次世界大戦機のP-51ムスタングを購入したことを機に、息子のマークと『オールド・フライング・マシーン・カンパニー』(以下、OFMC=古典機を飛ばす会社）を1980年に設立する。映画の飛行スタントとして『007』シリーズ、『太陽の帝国』『プライベート・ライアン』などに出演している。

Stephen Grey　スティーブン・グレイ

いちばん贅沢に飛行機を楽しんでいるのが、スティーブン・グレイだろう。まだイギリスに徴兵制度があったとき、空軍からラグビーの腕を買われて入隊したのが飛行機との縁につながった。ビジネスをスイスを拠点に展開しながら、趣味の飛行機収集を始めた。個人所有の飛行可能な第二次世界大戦機としては、個人の飛行機コレクションとしては世界有数の『ファイターコレクション』を持ち、『フライング・レジェンド』（空飛ぶ伝説）という航空ショーも主催している。現在も、航空ショーの度にスイスから駆けつけ、お気に入りのベアキャットを操縦するソロでの演技にも磨きがかかってきた。

Tony Haig-Thomas
トニー・ヘイグ＝トマス

空軍からビジネスマンに転向して、それでもなおかつ飛び続けているトニー・ヘイグ＝トマスは、シャトルワース・コレクションでおなじみである。ネイビー・ブルー塗装のアベンジャーを所有し、足代わりはパイパー・スーパー・カブを使ってイギリス中の航空ショーに出かけている。航空ショーで、いつもフライト・ジャケットを忘れて、シャツにズボン姿で飛んでいるのも彼だ。ビジネスから早期隠居をして、飛行機にのめり込んでいる。今でも頼まれてジェット機の操縦を教えたり、航空ショーに関わってばかりいる。

John Romain　ジョン・ロメイン

世界で唯一飛行可能なブレニム戦闘爆撃機を所有していることで有名になった。ブレニムのブリストル・マーキュリー・エンジンについても、世界的に有名である。小さな修復工場からスタートして、現在は、ダックスフォードの端に大きな工場を建設して、会社付きのパイロットも8人になった。修復会社も飛躍的に成長しているが、映画・テレビなどへの出演も目白押しだ。

Mark Hanna　マーク・ハンナ

パイロットの純粋培養といっても過言ではないほど小さい頃から飛行機に埋もれて育った。父はレッド・アローズを有名にしたレイ・ハンナ。RAFではF-4ファントム戦闘機のパイロットとして活躍、1988年には退役してOFMCの社長兼チーフ・パイロットとして活躍した。独身でハンサムだったので、人気者だった。1999年バルセロナ近郊で開催された航空ショーに、自機であるメッサーシュミットBf109にて出演中、着陸時に炎上、若くして惜しくも亡くなった。

Nick Grey　ニック・グレイ

スティーブン・グレイの息子ニック・グレイは、7才の時はじめて父親から飛行機に乗せてもらったそうだ。その後、家族でスイスへ移り18才で免許を取得。父親を助けてファイター・コレクションを盛り上げている。スピットファイアMk.Vを操縦して映画『パールハーバー』にも出演している。

Anna Walker　アナ・ウォーカー

　父親が操縦免許を取得したせいで6才のとき初めて飛行機を経験した。13才の頃には子供用にラダーに足が届くように細工をして貰って操縦していたが、イギリスに来るまで操縦免許なるものの存在を知らなかったという、いかにもブラジルらしい話である。無免許で1,700時間も操縦しているのは、普通は考えられない。ピーター・キンジー氏からアクロバットの指導を受け、現在チャレンジ中。操縦免許も一般からインストラクター、事業用までパスしている。航空ショーで演技を披露するほかには、イベント会場などでバナーを引っ張り宣伝をする。今年の夏は大忙しだった。

John Turner　ジョン・ターナー

　10代の頃からエア・トレーニング・コー（RAF主催による少年少女のための課外教室）に所属して奨学金を貰って飛行機免許を取得した。大学卒業後にRAFへ入隊したのだが、陸上での訓練中事故に遭い全治18ヵ月の重傷を負い、パイロットとしての進路が変わった。ドイツでファントムに乗り防空配備につき、その後イギリスでホークのインストラクターをやる羽目になったのだ。その後､空軍のテスト･パイロットに志願して、見事エンパイア・テストパイロット・スクールへ入学した。1990年にはブリティッシュ･アエロスペース社のテスト･パイロットに応募して、ユーロファイターのテスト・パイロットとなる。現在タイフーンと名を変えた、トーネードの後継機である。

Tim Senior　ティム・シニア

　ティムが飛行機との関わりを持ったのは知り合いとのパブでの会話。酔っぱらいの話に乗って、飛行場を訪れた。その後、エレクトリシャン(配電工)だったティムは、飛行訓練校から電気配線の依頼を受ける。教官との世間話がどんどん飛躍して、遂に訓練を受けることになった。資金が続かず、2年かかっての操縦免許取得だった。いろんな競技に参加したり、スタントをやっているうちに、テスト・パイロット、航空ショーなどで演技をするディスプレイ・パイロットの資格も取った。40才を過ぎた今、新たに挑戦して営業用のライセンスも取得した。

"Fred" Bassett　“フレッド”・バセット

　本当はリチャードなのだが、漫画のバセット犬フレッドに似ていると“フレッド”というあだ名がついた。少しの間、日本に滞在したことのある証券マンだ。Yak-52を購入したことから住まいも基地となったノース・ウィールドの近くに移し、週末は飛行機と子守に明け暮れていた。仲間同士でYakによるアクロバット・チームを作り参加した。1998年の夏、スイスでのアクロバット選手権では入賞を果たした。1999年3月、ノース・ウィールドでいつものように一人で練習をしていたフレッドは、飛行場に着陸しようとしていたセスナと空中衝突して亡くなった。

Mark Jefferies　マーク・ジェフリーズ

　マークは平凡な農家の長男として生まれたが、少し違うのは父親がタイガー・モスを購入して畑の真ん中に滑走路まで作ってしまったことだろう。17才の時そのタイガー・モスを借りて、友人から教えて貰って飛行機の免許を取得した。そのうちアクロバット飛行に興味を持った。イギリスのアクロバット・チャンピオンで有名なニール・ウィリアムズの本を購入して練習することにした。操縦士ながら夢中になって練習したため、途中で燃料がなくなったこともあるそうだ。しかし、その甲斐あって1987年、全英チャンピオンの座を獲得した。同時に飛行機ビジネスを始め、現在では旧ソ連製のYakを中心としたビジネスを展開しているのだ。

Wayne Jack　ウェイン・ジャック

　ニュージーランドはイギリスからの移民と原住民マオリ族で成り立っている国だ。そこの5世代目であるウェインはニュー・ジーランドのナショナル・スキー・チームに選抜され、冬季オリンピックを目指していた。元々、スピードのあるものが好きだった彼は飛行機にも魅力を感じて、遂にマウント・クック航空に就職をした。他の業務をこなしながら一生懸命操縦免許を取り、それから業務用にチャレンジしたのだ。マウント・クック航空は、目玉商品としてスキー・プレーンで氷河に降りる観光コースが人気である。スキーヤーだったウェインにとって雪質を見て飛ぶことは難しくない。現在は結婚してブルネイに住み、ロイヤル・ブルネイ航空の機長としてボーイング757/767を操縦している。

Paul Warren-Wilson
ポール・ウォレン＝ウィルソン
　オックスフォード大学を卒業してRAFに入隊、ハリアーのパイロットとなった。友人達と3人で主催した航空ショー『ファイター・ミート』は、1980年代後半のイギリスでもっとも面白い航空ショーだった。当時、友人のジョン・ワッツと購入したカタリナは、イギリス中の航空ショーに出演した。このカタリナは世界中を旅した。1998年、着水に失敗した後、引き上げられ未だに修復中である。

Christine & Edward Boulter
クリスティーヌ＆エドワード・ボルター
　第二次世界大戦中、モスキートを操縦していたエドは、戦後も飛行機のことを忘れられなかった。何度か操縦免許を取り直して、飛行機への情熱を維持した。最後の免許取得は、65才の時だ。修復したエドのステアマンは、イギリスで一番きれいなステアマンに選ばれた。最近、このステアマンをベルギーに売却したが、今でも会いにいくそうだ。妻のクリスティーヌも、夫だけに任せられない、と60才になって操縦を覚えた、夫唱婦随の夫婦である。

Peter Kynsey　ピーター・キンジー
　13才の頃からパイロットになりたいと決めていたピーターは、その念願を着実に果たした。ヘリコプターからグライダー、アクロバット飛行、古典機、そして現在ブリタニア航空の機長としてボーイング757／767を操縦する。1981年から86年までイギリスでのアクロバット・チャンピオンとして君臨した。現在はファイター・コレクションのチーフ・パイロットとしても活躍し、ショーのラストでは、タイガー・キャットを操縦して編隊をリードする。ニック・グレイとともに映画『パール・ハーバー』にも出演した。仕事も趣味もぜんぶ飛行機である。

Carolyn Grace　キャロリン・グレース
　飛行機好きのイギリス人と結婚してイギリスにやってきた。元々オーストラリアでは飛行機を足代わりにしていたそうだから縁があったのだろう。夫のニックは、キャロリンと子供2人を残し、交通事故で突然他界してしまった。夫の所有していた古典機を処分して、2人乗りのスピットファイアだけが残った。夫の意志を継ぐために一念発起し、スピットファイアの操縦を覚えて今では航空ショーで活躍している。日本ならば零戦を飛ばす肝っ玉母さんといったところ。

Norman Lees　ノーマン・リーズ
　イギリス海軍ではシーキングを操縦してアンドリュー王子とともにフォークランド戦争に参加した。海軍では『ロイヤル・ネイビー・ヒストリック・フライト』でファイアフライを操縦、古典機の面白さに目覚めた。友人と一緒にハーバードを購入、ハーバード・フォーメーション・チームを結成して、イギリス各地の航空ショーに登場した。シーフューリーで大西洋横断を果たしたこともある。海軍退役後、ヴァージン・アトランティックの機長として航空ショー共々活躍していたが、1999年スピットファイアでの事故で、惜しくも亡くなった。

Anthony Hutton アントニー・ハットン
　1970年代、元々不動産業を営みながら趣味のカーレースに没頭していたが、あまりのコスト高に、飛行機に切り替えたという人物である。ハーバードの所有者が集まったハーバード・フォーメーション・チーム主催した。そしてチームの基地としてエセックス州のノース・ウィールド旧基地に目をつけた。ノース・ウィールドで『スコードロン』という、飛行ファンクラブを設立し、第二次大戦中とそっくりの建物を造り、会員制クラブとして現在も運営に携わっている。

は戦闘機としての機動性も、攻撃機としての爆撃能力も優秀で、カナダ、オーストラリア、スイスなどの国も採用している。

ミグ MiG-15
Mikoyan Gurevich MiG-15

第二次大戦後ソビエトのミコヤン・グレビッチ設計局が設計、1948年から生産したシンプルで斬新な後退翼のジェット戦闘機。1000機以上が北朝鮮と中国に輸出され、朝鮮戦争では1951年より実戦に投入、アメリカの戦闘機を圧倒した。共産圏の10数カ国に輸出され、ポーランドとチェコスロバキアでも生産された。

ミグ MiG-17
Mikoyan-Gurevich MiG-17

MiG-15の欠点を解決するために機体を大きく手直しした同機は、ソ連の戦闘機としては初めて空対空ミサイルを装備。ベトナム戦争では北ベトナムのパイロットによって極めて有効な航空作戦が行われた。

ミグ MiG-21
Mikoyan-Gurevich MiG-21

NATOのコードネームではフィッシュベッドと呼ばれるソ連の戦闘機。朝鮮戦争の教訓から開発され、スピード第一主義の尾翼付デルタ翼戦闘機。簡素な機構で取り扱いが簡単なため30カ国以上の発展途上国や共産圏諸国で多数使われ、各種の改良型が時代と共に現れた。チェコスロバキアやインドでも生産され、ジェット戦闘機では画期的な10000機以上も生産されたベストセラーである。

ミグ MiG-29
Mikoyan-Gurevich MiG-29 Fulcrum

1970年代に米国のF-15やF-16に対抗するべくソ連で開発された極めて運動性の高い戦闘機。初飛行は1977年だが部隊配備が開始されたのは1983年である。1988年のファンボロー航空ショーに登場、大きな話題になった。

三菱　零式艦上戦闘機

日本海軍の要求で開発した艦上戦闘機。軽量の機体で速度と上昇力に優れ、とくに航続力と旋回能力は特筆すべきものであった。終戦まで海軍の第一線機として活躍。合計10000機以上が生産された。

三菱　百式司令部偵察機

日本陸軍の要求によって開発した高速の長距離偵察機。1940年から終戦までの全期間を通してあらゆる戦線で活躍。現在同機も五式戦と同じくダックスフォードの航空博物館で保存されている。

メッサーシュミットBf109
Messerschmitt Bf109

ドイツを代表する第二次大戦の戦闘機。1937のスペイン市民戦争に登場以後、大戦の全期間を通じて、ヨーロッパの各戦線で数多く使用された。1940年夏に「英国の戦い」が始まると爆撃機の護衛としてスピットファイアやハリケーンとの間に壮絶な戦いが繰り広げられた。戦後もスペイン、チェコスロバキアで生産が行われ、1957年まで使われた。総生産機数は35000機にものぼる。

ヤコブレフ Yak-3
Yakovlev Yak-3

ヤコブレフとしては最後のピストン・エンジン戦闘機である。当時の西側の機体と比べると軽量小型にまとめられ、優れた運動性と速度を兼ね備えている。

ヤコブエフ Yak-11
Yakovlev Yak-11

第二次大戦直後のソ連で作られた高等練習機。1947年から納入が始まり、東ヨーロッパの他中東、中国でも使われた。1950年代のこのクラスの速度記録を5つも打ち立てている。

ヤコブレフ Yak-12
Yakovlev Yak-12

1947年に試作機が初飛行。単発高翼の軽飛行機で木材と鋼管布張り構造である。

ヤコブレフ Yak-18
Yakovlev Yak-18T

他のヤク18シリーズとは外見も内容も大幅に違い4人乗りで操縦席には通常のドアがついている。1960年代に設計され、操縦訓練からエア・アンビュランスとしてまで使える軽飛行機。

ヤコブレフ Yak-50
Yakovlev Yak-50

ヤク50はヤク18PSから発展した単座の曲技専用機である。70年代、80年代のソ連のアクロチームで数多く使用された。

ヤコブレフ Yak-52
Yakovlev Yak-52

単座のヤク50に副操縦装置をつけて縦列複座にしたアクロバット練習機。もう一つの相違点は尾輪式から前輪式にしたことである。

ユーロファイター
Eurofighter Typhoon

イギリスのブリティッシュ・アエロスペース、ドイツのダイムラー・クライスラー、スペインのCASA、イタリアのアエロ・スパツィアの4カ国4社の共同開発による21世紀の多目的戦闘機。620機の生産が決定し、タイフーンと名付けられた。

ラボーチキン La-9
Lavochkin La-9

第二次大戦後ソビエト連邦の友好国にも一部が輸出されたラボーチキンとしては初めての全金属製のレシプロ戦闘機である。朝鮮戦争では中国のLa-9が実戦に参加、アメリカの戦闘機と戦火を交えている。

ラボーチキン La-11
Lavochkin La-11

全金属製の構造でラボーチキンとしては最後のピストンエンジン戦闘機である。La-9よりも燃料タンクが275リッター大きくなり、23㎜機関砲は3門に減じられている。朝鮮戦争では北朝鮮が同機を多数使用している。

リアジェット
Learjet

もっとも有名になった米国のビジネスジェット機。基本型の8人乗りリアジェット23はスイスのウィリアム・リアにより低価格で高性能の機体として設計された。軍用としても使われ海上自衛隊も同機を使用している。

リパブリック P-47B サンダーボルト
Repubulic P-47 Thunderbolt

第二次大戦に登場した単発の戦闘機としてはサイズも重量も最大級である。高空性能を得るターボチャージャーのダクトを通すために太い胴体になった。総生産機数は15000機を越える。

レーザー
Laser

Steaphens Acroと呼ばれる1966年に初飛行したホームビルト機を発展させたのがレーザーである。アメリカ製のアクロ専用機で競技会向けに作られた。

ロイヤル・エアクラフト・ファクトリー S.E.5
Royal Aircraft Factory S.E.5

SEはScouting Experimentalの略。第一次大戦でもっとも成功した連合軍の戦闘機の一つである。上下の翼幅が同じという外形状の特徴がある。18カ月の間に5125機も作られ、機動性、信頼性に優れ、西部戦線では数多くのエースを生んだ。

ロッキード・トライスター
Lockheed L-1011 TriStar

ロッキード社が1970年代初頭に生産した斬新なエンジン３発の中距離路線向けの大型ジェット旅客機。日本では全日空が採用。時の首相の収賄疑惑がロッキード事件として飛行機そのものより有名になった。

ロッキード F-104 スターファイター
Lockheed F-104 Starfighter

ロッキード社の主任設計者ケリー・ジョンソンが朝鮮戦争の教訓から、斬新な発想で開発した革新的な戦闘機。NATO諸国や日本では多数採用され、航空自衛隊ではF-86の後継機としてF-104を配備、ファントムにとって代わられるまで使われた。

Mudry CAP10

フランスで設計製造された木製の2人乗りのアクロバットも可能な軽飛行機。1968年に試作機が初飛行。約260機が作られたが約半数がフランス空軍を始めとする軍用に使われている。

※このP.84〜P.90までのページは最後のP.90より始まっています。そちらからお読みください。

ジェット旅客機で1958年から就航した。

ボーイング737
Boeing 737

第二世代のジェット旅客機で1967年初飛行した。短距離向け100席クラスとして就航以来、胴体の延長など各型が作られ、合計2000機近い受注がされ旅客機のベストセラーになっている。

ボーイング747
Boeing 747

1969年2月9日の初飛行以来、世界の主要航空路線で30年以上の期間にわたって使い続けられている「ジャンボ」の愛称を持つ大型旅客機の決定版である。各種の型が生まれ、1000機以上が生産されている。同機の持つ大きな乗客収容能力は、格安航空券や団体旅行が容易に作り出せるので、日本からの海外旅行を一般化させるのに大きな役割を果たした。また貨物専用機は90トンもの貨物を搭載して7000㎞以上も飛行でき、世界の航空輸送に大きな役割を果たしている。

ボーイング757
Boeing 757

ボーイング727と同じ胴体断面で通路が一列の中距離向け双発旅客機。1983年1月1日が初就航。乗客数は約200人。

ボーイング767
Boeing 767

セミ・ワイドボディーの通路二列の中距離双発旅客機。二通路の旅客機としては一番幅が狭いためエコノミークラスで2-3-2の配列が乗客に好評である。全日空、日本航空とも数多く運行している。乗客数は約250人。機体の15%を日本が製造する。

ホーカー・シーホーク
Hawker Sea Hawk

ホーカー社とアームストロング・ホイットワース社が生産した英海軍のジェット艦上戦闘機。大変スマートな機体の中央部にエンジン1基を設置し、ジェットの噴出口は左右に2つあるという独特の方式をとっている。1953年から空母飛行隊に配備され1960年まで第一線にあった。その間、1956年のスエズ動乱にも出撃。またオランダ、ドイツ、インドの各海軍向けに輸出され、インドのシーホークは1983年まで現役にあった。総生産機数は約400機。

ホーカー・シドレー748アンドーバー
Hawker Siddeley 748 Andover

1960年に登場した双発のターボプロップ旅客機HS-748を英空軍の要求に合わせパワーのあるエンジンを積み、胴体を延長して後部に貨物搭載用の扉を設けたものが本機である。短距離離着陸性能を持つ。

ホーカー・ハリケーン
Hawker Hurricane

英空軍初の単葉戦闘機である。最初の生産機は1937年10月12日に初飛行。1940年8月に始まった「英国の戦い」でハリケーンはスピットファイアとともに防空戦に参加、最も多くの独軍機を撃ち落とすという偉業を成し遂げた。また東南アジア方面の飛行隊に1942年1月20日から同機を投入、日本軍と戦火を交えた。

ホーカー・テンペスト
Hawker Tempest

ホーカー社が開発したタイフーンから発展した強力なエンジンを搭載した戦闘機。タイフーンとの違いは主翼は薄型で層流の楕円翼を採用、このため翼内の燃料タンクのスペースが減少したため胴体を延長し新たな燃料タンクを増設。また垂直尾翼にフィンを取り付けた。テンペストVは1944年4月に実戦配備。1944年6月から始まったドイツの飛行爆弾V-1迎撃では最初の三ヶ月のRAFの総撃破数の三分の一がテンペストの戦果であった。またメッサーシュミットMe262ジェット戦闘機20機撃墜も報告。本機は英空軍の最後の単座のプロペラ戦闘機で1951年まで一部の飛行隊に在籍し、また多数が高速標的曳航機としても使用された。

ホーカー・シーフューリー
Hawker Sea Fury

テンペストより軽量小型の機体を目指して計画された。主翼はテンペストで開発された主翼の外翼部分を胴体の中心線上で結合するという形を採ったため胴体の側面で取り付けたテンペストより胴体幅の分だけ翼幅が短くなっている。艦上型がシーフューリーで、朝鮮戦争では英海軍の同機が北鮮軍のMiG15を撃ち落とすという経歴を持つに至った。陸上型フューリーは第二次大戦の終了で英空軍は採用を取りやめたが、1946年イラク空軍向けに発注。シーフューリーは数カ国に輸出され、プロペラ戦闘機として最後の量産機となった。

ホーカー・タイフーン
Hawker Typhoon

名作ハリケーンの後継機となるべくシドニー・カム卿が設計した迎撃戦闘機。期待されたほどの上昇力と高空性能は得られなかったが、優れた低高度でのパフォーマンスを地上攻撃に発揮した。1941年9月から英空軍に配備され、合計3330機が英空軍向けに生産された。1945年末までに第一線を退いている。

ホーカー・ハンター
Hawker Hunter

第二次大戦後に作られたイギリスの戦闘機としては最も成功した機体である。後退翼の美しい機体で機動性も良く、緩降下で音速を越えることができた。ベルギーとオランダでもライセンス生産され、最終的には1972機も生産された。1954年から英空軍に配備されたのを始め、スウェーデン、デンマーク、インド、スイスなど十数カ国の空軍で採用された。1966年に生産終了後も多くの国で使い続けられ、現在でも飛行可能なハンターは数多くある。

ホーカー・ニムロッド
Hawker Nimrod

現在英空軍で使われている対潜哨戒機のニムロッドとは別の航空機である。本機は英空軍の複葉戦闘機のフューリーと基本的な構造は同じで、英海軍向けに作られた空母搭載の戦闘機である。

ポリカルポフI-16
Polikarpov I-16

世界初の実用の低翼単葉引き込み脚の戦闘機。初飛行は1933年12月31日。ずんぐりとした格好にもかかわらずスピードと上昇力に優れていた。

ポリカルポフI-153
Polikarpov I-153

I-15bisから発展したもので胴体と尾翼の基本形は大きく変わっていないが、上翼はガルウイングを採用し、車輪は下翼に引き込まれた。1938年に試作機が初飛行している。極めて良好な運動性を持つ。

ボールトン・ポール・バリオール
Boulton Paul P.108 Balliol

多目的に使用できる高等練習機として作られた。1948年3月21日にアームストロング・シドレー・マンバ・エンジン装備のバリオールT-1は世界初のターボプロップ機となった。

マクドネル・ダグラス・ファントム
McDonnell Douglas F-4 Phantom II

マクダネル社が1950年代後半に開発した空母搭載用のマッハ2クラスの全天候戦闘機。1958年5月27日に初飛行。当時の高度、スピードの記録を樹立。米海軍、海兵隊だけでなく米空軍も1960年代初頭から大量に採用。また西側の主要国にも輸出された。日本でも航空自衛隊に採用され、三菱重工が127機をライセンス生産。1979年までに総計5000機以上という戦後の西側の戦闘機としては記録的な数が生産された。英国では海軍と空軍が1968年から、それぞれF-4K(FG.1)、F-4M(FGR.2)を合計170機を導入。トーネードにとって代わられる1992年まで空軍に在籍した。英国のファントムが、他のファントムと大きく違う点はエンジンにロールスロイスのスペイを採用したところにある。日本のファントムは80年代以降も電子機器に最新のものを取り入れ、今でも現役である。

マクドネル・ダグラスF-15イーグル
McDonnell Douglas F-15 Eagle

米空軍の主力戦闘機。空対空の戦闘を主眼として設計開発された。初飛行は1972年7月27日。F-15イーグルは速度、上昇力、機動性と電子装備や各種の兵装を携行するのに十分な余裕ある機体など能力も値段も一級品である。日本の航空自衛隊も同機を主力の戦闘機として採用している。

マクドネル・ダグラスF/A-18ホーネット
McDonnell Douglas F/A-18 Hornet

米海軍の単座の艦上戦闘攻撃機。ノースロップ社のYF-17から発展したものでマクダネル・ダグラス社が主契約社になって開発された。1980年から米海軍および海兵隊の第一線機として導入が始まり、ファントムなどとの交換がすすんだ。ホーネット

フォッケウルフ Fw190
Focke-Wulf Fw190
　メッサーシュミットBf109に続いてドイツが登場させた空冷戦闘機。大型エンジンを搭載したにもかかわらず、空力的に優れ、重武装の可能な頑強な機体であった。1941年6月から独空軍に配備され、英空軍のスピットファイアにとっては大きな脅威になった。

ファルコ
Aeromere F.8.L Falco
　イタリアの航空機デザイナー、ステリオ・フラーティによって設計された2人乗りの高性能機。1955年6月15日にコンチネンタルの90馬力エンジンで初飛行。

フィアット
Fiat CR.42
　イタリア最後の複葉戦闘機。1938年5月23日に試作機が初飛行。ベルギー、ハンガリー、スウェーデンなどにも輸出された。またドイツ空軍も夜間攻撃用として同機を使った。

ブラックバーン・バッカニア
Blackburn Buccaneer
　ブラックバーン社が海軍向けに開発した核兵器を積んで低空を高速で飛行できる攻撃機。1962年から英海軍の空母飛行隊に配備され、1968年には英空軍でも採用を決定した。後に1991年の湾岸戦争にも実戦参加している。

ブラニク・グライダー
L-13 Blanik
　チェコスロバキアの初級から上級まで使える高性能のグライダー。1978年の生産終了までに2600機も販売された。

ブリストル・ボーファイター
Bristol Beaufigter
　双発複座の艦船攻撃を主な任務とする戦闘攻撃機。1940年から英空軍に配備が始まり、5500機以上も生産された。第二次大戦時には太平洋戦線でも日本の艦船攻撃に使用され、戦果を上げた。

ブリストル・マーキュリー・エンジン
Bristol Mercury
　ブリストル社が第二次大戦中に生産した空冷星形９気筒のエンジン。ボア×ストローク、146㎜×165㎜。排気量24.9リッター。ブリストル・ブレニムやライサンダーなどに使われた。

ブリストル・ブレニム
Bristol Blenheim
　1937年から英空軍に配備され、本国を始め中東、インドにも展開しその高速を活かして偵察や爆撃に活躍。東南アジア方面では度々日本軍と交戦して戦果をあげた。

ブリティッシュ・エアロスペース・カンパニー・キャンベラ
BAC Canberra
　英国初のジェット爆撃機。モスキートと同じように敵戦闘機の追撃を振り切れる高度を高速で飛行できる爆撃機として開発された。1951年5月から英空軍に配備されたのを始め多くの国に輸出され、オーストラリアと米国ではライセンス生産された。米国ではマーチン社がB-57の名で生産し、オーストラリアのキャンベラとともにベトナム戦争にも参加した。

ブリティッシュ・エアロスペース・カンパニー 1-11
BAC 1-11 BAC One-Eleven
　短中距離向けの双発ジェット旅客機。エンジン2基を胴体後部に配置し、T字型尾翼が外観の特徴。乗客数は約70人である。後になって胴体を延長して最大119人乗りとした500型も作られている。

ブリティッシュ・エアロスペース ホーカー・シドレー・ニムロッド
British Aerospace (HS) Nimrod MR
　ホーカーシドレー社が1960年代に英空軍の要請で開発した対潜哨戒機。世界初のジェット旅客機コメットの機体構造を踏襲し、胴体下に張り出しを設け、装備や兵器を搭載できるようにしたもので1969年末から英空軍に配備され始めた。12人の乗員で1850㎞進出して6時間の洋上パトロールが可能である。

ブリティッシュ・エアロスペース ハリアー
British Aerospace Harrier
　世界初の実用V/STOL戦闘攻撃機。胴体中央部に設置された1基のジェットエンジンの噴出口の角度を変える事によって垂直離着陸から通常の飛行までを行える。1969年に最初のハリアー GR-1が英空軍に配備され、米海兵隊もこれに続いた。英海軍も1978年、機体や装備を海軍向けにしたものをシーハリアー FRS戦闘攻撃機として採用。1982年に起きたフォークランド紛争ではハリアー、シーハリアーともに参加、大きな働きをした。またマクダネル・ダグラス社との共同研究によってハリアーの能力を倍加させた二代目ハリアーが開発され、現在の英空軍ではこれをGR-5/GR-7として採用している。

ブリティッシュ・エアロスペース ホーカー・シドレー125
British Aerospace HS 125
　デ・ハヴィランド社が1960年代始めに開発した乗客8人乗りのビジネスジェット。以後デ・ハヴィランド社はホーカーシドレー社に吸収され1977年にはブリティッシュアエロスペース社となった。現在では米国のレイセオン社がビジネスジェットの部門を買収して生産している。軍用としても使われ、日本の航空自衛隊でも捜索救難機として採用している。

ブリティッシュ・エアロスペース ホーク
British Aerospace Hawk
英空軍のジェット練習機。ジェット・プロボスト、ナット、ハンターの後継機として開発され、1976年から導入された。簡易な戦闘攻撃機としても使え、輸出も順調で米海軍用にも艦載型が開発された。またレッドアローズの使用機としても知られている。

ブリティッシュ・エアロスペース ブルドッグ
British Aerospace Bulldog
　軽飛行機のビーグル・パップを軍用の練習機に発展させたもので、透明の全周キャノピー採用や翼幅の延長、またあらゆる曲技飛行に耐えられるよう機体の強度を増した点が大きな相違点である。

ブリティッシュ・エアロスペース BAe 146
British Aerospace (HS)146
　1970年代にホーカーシドレー社が開発を始めた70～90人乗りの短距離旅客機。このクラスのジェット旅客機としてはめずらしい4基のエンジンを高翼から釣り下げる形式をとってある。

ブリテン・ノーマン・アイランダー
Britten-Norman Islander
　デズモンド・ノーマンとジョン・ブリテンが旧式になったドラゴンラピッドなどの双発機に代わる新時代の軽量10人乗り輸送機で1964年に設計された。ディフェンダーと呼ばれる軍用型もある。

ブレリオ単葉機
Bleriot XI
　初のドーバー海峡横断に成功した飛行機でフランス人のルイ・ブレリオが製作。1909年7月25日、ブレリオ本人の操縦によって、カレーを飛び立ち36分後に無事ドーバーに着陸した。

ベル P-39 エアロコブラ
Bell P-39 Airacobra
　本機の特徴は大口径の機関砲を機首に装備してプロペラ軸の中心線から発射するため、エンジンをパイロットの後方に設置、延長軸で前方のプロペラを回すという独特の方式と当時としてはめずしい前輪式を採用した点である。英空軍でも1941年から飛行隊が編成されたが大多数はソ連に供与されたり、米陸軍航空部隊に配備された。

ベル P-63 キングコブラ
Bell P-63 Kingcobra
　エアロコブラから発展した戦闘機で外形は変わらないように見えるが、大きな部分で改良されエンジンのパワーも増えた。初飛行は1942年の12月7日。生産された大部分がソ連にリースされた。

ボーイング・ステアマン
Boeing / Stearman PT-series Kaydet
　後にボーイング社に吸収されるステアマン航空機が1933年に独自に開発した複葉単発の練習機。合計約10000機も作られ第二次大戦前から戦中にかけてのアメリカで多くのパイロット養成に貢献した。

ボーイング 707
Boeing 707
　ボーイング社が生産した初の本格的大型

パイパー・アズテック
Piper PA-23 Aztec

パイパー・アパッチよりパワーのあるエンジンを搭載、6人乗りの双発軽飛行機。

パイパー J-3 カブ
Piper J-3 Cub

パイパー社が1937年から生産した2人乗りの軽飛行機だが、テイラー社の機体にルーツを発する。単純な構造で多くのパイロットに愛され長年使われている。

パイパー PA-18 スーパーカブ
Piper PA-18 Super Cub

パイパー社が1949年から生産したカブから発展した高翼で布張りの軽飛行機。世界中で親しまれてパイパー社の飛行機ではもっとも有名になった。

バイパー PA-38 トマホーク
Piper PA-38 Tomahawk

パイパー社が1978年から発売しているT型尾翼が特徴の2人乗りの軽飛行機。経済的な飛行訓練に使えるので飛行学校などで広く使われている。

パイパー PA-28 チェロキー
Piper PA-28 Cherokee

パイパー社が1961から発売している4人乗りの軽飛行機。各種の発展型が作られ、現在ではアーチャー、ウォリア、アローの各型が発売されている。

パイパー PA-31 チーフテン
Piper PA-31 Chieftain

双発機ナバホの胴体を延長したものがチーフテンで最大10人乗り。パイパー社の機体としてはシャイアンと並んで最大級である。

パナヴィア・トーネード
Panavia Tornado

英独伊の3国共同開発の多目的戦闘攻撃機。超低空を高速で飛行する能力や短距離での離着陸を容易に行うための可変翼、逆噴射装置を採用。英国での生産型の初飛行は1979年7月10日に行われた。ファントムが全機退役した現在の英空軍では防空戦闘はすべてトーネードF.3が担当する。1991年の湾岸戦争ではイラク軍に対してGR.1が攻撃を行い大きな損害を被りながらも1500ソーティーもの出撃を果たした。また1999年のコソボ紛争では在独英空軍基地から空中給油を受けながら地上施設に対して爆撃をおこなった。

ハンティング・ジェット・プロボスト
Hunting(Percival) Jet Provost

英空軍が1955年から1989年まで飛行学生の基礎訓練に使っていたジェット練習機で各型合計約500機が作られた。操縦席は教官と学生が横にならぶ並列複座である。

ハンティング・ピストン・プロボスト
Hunting (Percival) Provost

ハンティング・グループになる前のパーシバル社で設計された練習機。良好な運動性で1953年に英空軍に採用された。

ビーグル・ハスキー
Beagle Husky

オースターから派生したもので、この系列最後の型がハスキーと呼ばれ1960年からビーグル社で生産された。英空軍のハスキーは1969年から17年間にわたりエアカデットの体験飛行に使われた。

ビーグル・パップ
Beagle Pup

1967年に発表された近代的な軽飛行機。100馬力エンジン付で2人乗りから150/160馬力で4人乗りまで三種類の型がある。パップを発展させた軍用のブルドッグもある。

ビーチ 18
Beech Model 18

1937年～69年までの32年間、航空史上最長期間、生産されたビーチクラフト社の8人乗り双発機。第二次大戦中は英空軍で200機あまりがエクスペディターと命名され、東南アジア方面で使われた。

ビーチ T-34
Beech Model 45 Mentor

ビーチクラフト社が1948年、独自に同社の軽飛行機ボナンザから発展させて作った練習機。ボナンザと大きく異なる点は、教官と学生が前後に乗る縦列複座形式にしたのと尾翼をV字型から一般的な形式にした点にある。

ビッカース・バーシティー
Vickers Varsity

英空軍で1951年からそれまでのウェリントン練習機に代わって配備した乗員訓練機。バレッタ、バイキングと同系列の機体だが、前輪式である。爆撃、航法訓練などに使用され、合計163機が生産された。

ビッカース・バイカウント
Vickers Viscount

英国ビッカース社が製造した世界初のターボプロップ旅客機。40～60人乗りの中短距離向けに開発され、昭和30年代には日本でも全日空国内線で就航した。

ビュッカー Bu131 ユングマン
Bucker Bu131 Jungman

第二次大戦前のドイツで作られた複葉の練習機。民間だけでなく、独空軍の練習機として多く使われた。20カ国以上に輸出され、スイスや日本などでライセンス生産された。現在でも多くが飛行可能。

ビュッカー Bu133 ユングマイスター
Bucker Bu133 Jungmeister

ユングマンに続く複葉の練習機だが、1人乗りで小型になりエンジンもパワーのあるものを装備した。戦闘機パイロットを目指す高度なアクロ向けの機体である。独空軍向けに生産されたが、大戦前の国際曲技飛行選手権でも優秀な成績をおさめた。

ピラタス PC-6 ターボポーター
Pilatus PC-6 Turbo-Porter

スイスのピラタス社が開発した単発のSTOL（短距離離離着陸）機。シンプルで頑丈な構造のため飛行場以外の場所でも離着陸が可能。目的によって座席をはずして貨物輸送、農薬や消火剤の散布、救急救難、スカイダイビング、グライダー牽引など多目的に使うことができる。またスキーをつけて氷河や雪面での運用が可能で、軍用機としても10数カ国で使われている。

ピラタス P-2
Pilatus P-2

1940年代末にスイス空軍向けに生産された山岳地の飛行場でも使える高等練習機。機体構造は金属製の胴体に木製の主翼を組み合わせたものである。夜間飛行や射撃、爆撃の装備もされていた。

ピッツ S-2A スペシャル
Pitts S-2A Special

アメリカのカーチス・ピッツがアクロバット飛行用に1940年代に設計した複葉の曲技専用機。長年アクロ専用機として使われ有名になった。単座のS-2と胴体を延長して複座としたS-2がある。

フェアリー・ファイアフライ
Fairey Firefly

英海軍独特の戦闘偵察機という機種で航空士が乗る後部座席には武装はない。1941年12月22日初飛行。実戦参加は英空母機動部隊にて行われた1945年1月のスマトラ島などの精油所攻撃である。

フェアリー・ソードフィッシュ
Fairey Swordfish

フェアリー社の開発した複葉雷撃機で試作機は1934年に初飛行。金属の基本構造に布張りで主翼は後方に折りたたまれる。英海軍は1936年から空母航空隊等に配備。第二次大戦の開始したころにはすでに旧式とも思える機体だがUボートの攻撃やイタリアのタラント港の攻撃に大きな戦果をあげた。

フォッカー F27 フレンドシップ
Fokker F27 Friendship

オランダのフォッカー社が戦後最初に開発した双発の中短距離向けターボプロップ旅客機。米国フェアチャイルド社でも生産され、1958年の初就航以後、DC-3にに代わる機体として1978年まで生産された。

フォッカー 50
Fokker F50

フレンドシップから発展した機体で翼と胴体の基本形は変わらないが、複合材の使用など近代化が計られている。また新世代のエンジンとプロペラは速度、航続性能、経済性、快適性を向上させた。

フォーランド・ナット
Folland Gnat

フォーランド社が独自に開発した軽ジェット戦闘機。1955年7月18日に初飛行。英空軍はナットを発展させた練習機型を採用、レッドアローズの使用機として1965年から1979年まで活躍させた。

セスナ 185 スカイワゴン
Cessna185 Skywagon

セスナ180よりもパワフルなエンジンを装備、キャビンを広くして6人乗りにしたもので、1961年から生産された。総生産機数は4339機。

セスナ 210
Cessna 210

セスナ社の単発高翼機としては初めての引き込み脚機。1960年に発売開始されて以来、多くの型が登場した。ターボ・エンジン付、与圧キャビンなども発売されセスナ社の単発機としてはもっとも高級な機体である。パイロットを含めて6人乗り。

セスナ 550 サイテーション
Cessna 550 Citation

セスナ社が1968年に発表したビジネスジェット。静かな双発のターボファン・エンジンで小さな飛行場からでも運用でき、高高度を飛行できる与圧キャビンを兼ね備えている。各種の発展型が作られたが全機種にサイテーションの名前が付けられた。

スタンプ SV.4
Stampe SV.4

ベルギーで作られた単発の複葉機で外観はタイガーモスによく似ている。1933年から生産されベルギー空軍、仏空軍の練習機として使われた。

ダグラス A-1 スカイレーダー
Douglas A-1 Skyraider

米海軍の要求に合わせて作られたレシプロ・エンジン単発で雷撃もできる艦上急降下爆撃機。多種多様な兵器を翼下に最大3.6トンまで携行ができた。朝鮮戦争、ベトナム戦争に出撃した。

ダグラス DC-3 ダコタ
Douglas DC-3

1935年に初飛行以来60年以上にわたって世界中で使われ続けられている旅客機の決定版。戦時中、日本でも昭和飛行機で生産され、アジア太平洋の各地に運行されていた。現在でも多くが現役である。

チャンス・ボート F4U コルセア
Chance Vought F4U Corsair

米海軍の空母搭載用に開発された高速戦闘機。大きなプロペラと地上とのクリアランス確保と艦載機として必須の脚強度を高めるため独特の逆ガル型の主翼を採用。米海兵隊、米英海軍に使用された。

チャンス・ボート FG-1D コルセア
Chance Vought FG-1D Corsair

F4Uコルセアのイギリス式の呼称。FGはFighter Ground Attackの意味である。

デ・ハヴィランド・タイガーモス
de Havilland D.H.82 Tiger Moth

デ・ハヴィランド社が1930年代初頭に開発した単発複葉の練習機。英国以外でも広く使われた。当時の英連邦のパイロットのほとんどすべてと言ってよいほどこの飛行機で訓練をした。

デ・ハヴィランド・チップマンク
de Haviland Canada DHC-1 Chipmunk

デ・ハヴィランド・カナダDHC-1チップマンク。複葉のタイガーモスにとってかわるべく作られた低翼単葉の初等練習機。第二次大戦後の英空軍のパイロットの育成に大きな役割を果たした。

デ・ハヴィランド・バンパイア
de Havilland D.H.100 /113/115Vampire

英国では二番目のジェット戦闘機。初の単発ジェット戦闘機でエンジンのパワーを有効に使うために独特の形になった。1946年から空軍に配備され、英海軍もシーバンパイアとして少数機を採用、空母での運用を世界で初めて試みた。

デ・ハヴィランド・フォックスモス
de Havilland D.H.83 Fox Moth

1932年1月に初飛行。乗客4人は胴体中央部の客室に乗りパイロットはその後ろにあるオープン・コクピットに座る。他のモス・シリーズの部品と共通のものが多く、主翼はタイガーモスと同一のものである。

デ・ハヴィランド・プスモス
de Havilland D.H.80 Puss Moth

高翼単発の3人乗りの飛行機で初飛行は1929年9月9日。女性飛行家エイミー・ジョンソンが1931年の7月から8月にかけてイギリスから東京へ9日以内で飛行したのはこのプスモスである。

デ・ハヴィランド・ベノム
de Havilland D.H.112 Venom

バンパイアから発展した戦闘爆撃機でより強力なエンジンを搭載、主翼も新たに開発して翼端に投棄可能の燃料タンクを装備し、空力的にも洗練された形となった。1952年に英空軍へ配備された。

デ・ハヴィランド・モス
de Havilland D.H.60 Moth

1925年2月22日に60馬力のサイラス・エンジンで初飛行。木製の骨組みに布張りの機体は世界中で数々の記録を打ち立てた。民間の飛行クラブから軍用の練習機としてまで使われ、日本にも輸入された。

デ・ハヴィランド・モスキート
de Havilland D.H.98 Mosquito

デ・ハヴィランド社が独自に開発した高速の戦闘偵察爆撃機。本機最大の特徴は機体構造のすべてが木製ということである。戦闘、偵察、爆撃の各型があり、1950年までにカナダ、オーストラリアで作られたものも含めて7781機が生産されている。

デ・ハヴィランド・モスマイナー
de Havilland D.H.94 Moth Minor

低翼単葉でオープンコクピットの縦列複座、モスの後継機として作られた。

デ・ハヴィランド・レパードモス
de Havilland D.H.85 Leopard Moth

プスモスによく似た飛行機だが、構造は合板を利用するなど大幅に変更された。初飛行は1933年5月27日。

デ・ハヴィランド・コメット
de Havilland D.H.106 Comet

世界初のジェット旅客機。1952年5月2日、BOACがロンドン〜ヨハネスブルク線にコメット1を初就航させた。本機によってロンドン〜東京間でそれまでは86時間かかっていたものが33時間15分に短縮させ、世界を小さくしたといわれる。

中島 一式戦闘機 隼

中島飛行機が開発し、1941年に制式採用となった陸軍の戦闘機。戦争の全期間を通じて各地の戦場で活躍し、海軍の零戦とともに代表的な日本機として有名になった。合計6000機近く生産された。

ノースアメリカン T-6 ハーバード
North American Harvard

米国名はテキサン。英国から米国に発注された初の飛行機の一つである。1938年6月に発注され、英連邦のパイロット養成に大きく貢献した高等練習機。戦後も数多くの国で長年使い続けられた。

ノースアメリカン P-51C ムスタング
North American P-51C Mustang

マーリン・エンジン搭載だがポピュラーなバブル・キャノピーのD型と変わって操縦席の背部は高くなって胴体と一体になっているのが主な違いである。

ノースアメリカン P-51D ムスタング
North American P-51D Mustang

ノースアメリカン社が英国の要求により、P-40 の代替機として設計生産した戦闘機。ロールスロイスのマーリン・エンジンに換装したところ想像以上の性能を発揮した。英空軍のみならず、米軍も大量に採用し、日本本土空襲にも参加した。

ノースアメリカン F-86 セイバー
North American F-86 Sabre

第二次大戦中ドイツが研究していた後退翼の理論を初めて取り入れたジェット戦闘機。生産型は1948年5月18日に初飛行した。1950年に始まった朝鮮戦争では共産軍のMiG-15と対等に戦えるのは同機しかなく、それも機体の性能よりもパイロットの技量に負うところが多かった。航空自衛隊でも同機を主力戦闘機として採用。ブルーインパルスの初代装備機でもあった。

ノースアメリカン B-25 ミッチェル
North American B-25 Mitchell

米国の双発爆撃機としてはもっとも多く生産された。この爆撃機を有名にしたのは1942年4月18日、空母ホーネットからドーリットル中佐の指揮する16機のB-25が東京及び日本本土の主要都市を爆撃した作戦である。

パーシバル P.40 プレンティス
Percival P.40 Prentice

複葉のタイガーモスにかわる近代的な全金属製で単発単葉の初等練習機。初飛行は1946年。以後1953年から導入されるプロボストにとって代わられるまで英空軍の練習機として約350機が使われた。

グラマン F6F ヘルキャット
Grumman F6F Hellcat
ワイルドキャットの後継機として1943年から米海軍に配備された。強力なエンジンと頑丈な機体を活かして多くの日本機と交戦した。英海軍も同機を採用、英太平洋艦隊に配備、対日戦に参加した。

グラマン F7F タイガーキャット
Grumman F7F Tigercat
大型空母搭載用の双発単座戦闘機。第二次大戦には間に合わなかったが、戦後アメリカ海兵隊に配備され朝鮮戦争に出撃した。1952年には退役している。

グラマン F8F ベアキャット
Grumman F8F Bearcat
ヘルキャットと同じエンジンを装備して小型の空母からでも運用できるように軽量化した艦上戦闘機。ヘルキャットよりも重量が20%ほど軽くなり、30%も上昇力が向上。機動性もすばらしくプロペラ戦闘機の最後を飾るにふさわしいものとなった。戦後仏海軍、タイ空軍に供給され、インドシナ戦争に使われた。

グラマン TBF アベンジャー
Grumman TBF Avenger
グラマン社が米海軍向けに開発した艦上雷撃機。1942年で初陣を飾り、グラマン社での生産を1943年末で終了してから以後のゼネラルモータースのイースタン航空機部門で生産され、TBMと呼ばれた。海上自衛隊でも同機を使用したことがある。

クリクリ
Cri-Cri
1972年にフランスの航空機デザイナーコロンバンの手によって設計され、1981年のオシコシでデザイン賞を受賞した世界最小の双発機。軽量小型で自重は75kg。パイロットと燃料を含めた総重量は170kg。パイロットの体重は79kgを限度とする。重量6kgの増加は4人乗り軽飛行機の130kgの増加に匹敵するという。

グロスター・グラジエーター
Gloster Gladiator
グロスター・ゴーントレットを発展させた英空軍最後の複葉戦闘機。1937年の2月から空軍に配備された。グラジエーター以降、世界は単葉戦闘機時代に突入する。

グロスター・ジャベリン
Gloster Javelin
英空軍初のデルタ翼の双発全天候戦闘機。デルタ翼だがT字形の尾翼がついている。高空を高速で飛来する敵の爆撃機を夜間でも迎撃可能とさせるためレーダーと電子機器を充実が計られた。

グロスター G.41 ミーティア
Gloster G.41 Meteor
連合軍唯一の第二次世界大戦に参加したジェット戦闘機。大戦末期、南イングランドに飛来するドイツのV-1巡航ミサイルの迎撃等に活躍。豪空軍のミーティアは朝鮮戦争にも参加している。

コスミック・ウィンド
Cosmic Wind
ロッキード社のパイロットとエンジニアが1946年に作った全金属製の極めて小型で高速のアクロ専用機。

コンソリーデット PBY カタリナ
Consolidated PBY Catalina
コンソリデーテッド社が1930年代に米海軍の要求に答えて開発した双発の飛行艇。引き込み脚を装備して水陸両用にしたPBY-5型からは英空軍でも数多く採用し、対潜、洋上哨戒などに使われた

コンコルド
British Aerospace/Aerospatiale Concorde
英仏共同開発の超音速旅客機。現在、英国航空が7機、エールフランスが6機を運行している。試作1号機の初飛行は1969年3月2日。現在、ダックスフォードには試作3号機が展示されている。

ジェギュア
SEPECAT Jaguar
英国のBAC社と仏国のダッソー・ブレゲー社が英空軍と仏空軍向けに共同開発した攻撃機。現在でもジャガーはトーネード、ハリアーと並んで英空軍の攻撃部隊の一翼を形成する。

ジェネラル・ダイナミックス
F-16 ファイティング・ファルコン
General Dynamics F-16 Fighting Falcon
ゼネラルダイナミックス社がアメリカ空軍の要求に合致するように開発した軽量小型戦闘機。1974年2月2日に初飛行し、操縦系統などいち早くコンピュータ化して以降の航空機設計に大きな影響を与えた。

スーパーマリン・アタッカー
Supermarine Attacker
英空軍がニーン・エンジンを使うべく機体を早急に計画したもので、戦闘機スパイトフルから流用した主翼と車輪に新規設計した胴体を組み合わせている。最終的には英空軍では採用せず、空母上でのテストに満足した英海軍が本機を採用した。

スーパーマリン・スウィフト
Supermarine Swift
単発単座、後退翼のジェット戦闘機。1953年9月25日、スウィフトF4は3kmのコースで世界スピード記録の1184km/hを樹立。空軍では戦闘偵察型も含めて60機あまりが1961年まで使用された。

スーパーマリン・スピットファイア
Supermarine Spitfire
第二次大戦の代表的なイギリス戦闘機。1936年3月5日初飛行、1938年7月に空軍の飛行部隊に配備された。第二次大戦の全期間を通じて活躍。ヨーロッパ戦線はもとよりアジア太平洋地域にも配備され、日本の航空部隊ともたびたび交戦した。戦後も引き続き空軍の任務につき、1954年4月1日のマラヤにおける写真偵察飛行を最後に全機が退役した。

スーパーマリン・スピットファイア Mk IX
Supermarine Spitfire Serial No.ML407
カースルブロミッチで製造され、1944年4月29日から第485飛行隊を皮切りに数種の飛行隊に配備された。ノルマンジー上陸作戦時にはオマハビーチ上空で敵航空機を撃墜、同作戦に参加した連合軍戦闘機としては初の戦果をあげた。本機は1945年9月にはヨーロッパ配備から英本国に帰還、しばらくは戦闘任務からはずされた状態で保存されていたが、1950年7月19日にビッカース社で2人乗りに改造され、アイルランド航空隊に1951年6月5日から1960年まで配備された。1968年に一般に売りに出され、2回ほど持ち主がかわったが1979年、故ニック・グレースに買い取られた後、修復されて、1985年4月16日から再び飛行可能となった。

スーパーマリン・スピットファイア Mk V
Supermarine Spitfire Serial No.EP120
カースルブロミッチで製造された後、各地の飛行隊に配備された。第二次大戦中にこの機体は敵航空機9機撃墜という輝かしい記録を持つ。戦後は英空軍の展示用として各基地の正面ゲートで飾られていたが、ファイターコレクションで修復され1995年9月12日に再飛行が可能となった。機体の塗装も、402ウィニペグ・ベア飛行隊長のジェフ・ノースコット少佐の乗機を当時のままに再現している。

スホーイ Su-29 / Su-31
Sukhoi Su-29/Su-31
スホーイが1980年代前半に設計した曲技専用機。基本型のSu-26は1984年の6月に初飛行。世界曲技選手権に出場して他の飛行機を圧倒した。Su-31はSu-29を1人用にしたもので初飛行は1992年6月。

スホーイ Su-27 フランカー
Sukhoi Su-27 Flanker
ミグ29と並ぶ現代の第一線戦闘機で迎撃戦闘能力と航続力をあわせ持っている。初飛行は1977年5月。ロシア機初のフライバイワイヤの操縦系統を装備。Su-30、Su-33、Su-35、Su-37などは全てスホーイ27から派生、発展した型である。

ズリン526
Zlin 526
チェコスロバキアのアクロバット用練習機。1960年代に数多くのアクロバットのタイトルを受賞している。

セスナ 150
Cessna 150
1958年から生産を開始したセスナ社の二人乗りの軽飛行機。大変ポピュラーな二人乗りの軽飛行機で1977年までに23836機も生産された。

セスナ 152
Cessna 152
1977年から生産されたセスナ150の改良型で、よりパワーのあるエンジンをつけている。

機体・用語解説集

P.84 ～ P.90 までのページはインタビュー中に登場した航空機について解説しています。

アヴロ・アンソン
Avro 652A Anson

インペリアル航空が1933年に発注した当時としては画期的な低翼単葉で引き込み脚の双発機であった。1968年までの32年間、練習機や軽輸送機として使われた。

アヴロ・シャクルトン
Avro Shackleton

1951年４月から英空軍に配備された対潜哨戒機。アブロ・リンカーンから発達したもので主翼と降着装置はリンカーンと同じものを使用した。早期警戒機も作られ1990年代まで使われた。

アヴロ・バルカン
Avro Vulcan

世界初のデルタ翼の爆撃機。米国の戦略爆撃機B-52と同じく東西冷戦のさなかに開発された。英国の核戦略を担うVシリーズ爆撃機３機種のうちでもっとも成功した機体。1957年から英空軍に配備。1982年のフォークランド戦争では退役直前の本機が通常爆弾を搭載してアセンション島から出撃、ポートスタンレー空港に爆弾を投下。同年には爆撃機としての任務を終えたが少数機が空中給油機などに改造された。

アエロ L-39 アルバトロス
Aero L-39 Albatros

L-29の後継機でチェコスロバキア空軍の訓練部隊に1974年から配備されている。3000機近く生産され、旧共産圏諸国を中心に10数カ国に輸出されている。

アエロスパシアル・ウェストランド
SA330 ピューマ
Aerospatiale/Westland SA 330 Puma

仏陸軍の要求から開発されたもので1968年英仏共同生産の合意によりウェストランド社が英空軍向けに生産することになった。全天候型で最大20名を乗せることができる。日本にも輸入されていた。

アエロスパシアル・ガゼル
Aerospatial SA341 Gazelle

ピューマと同じように英仏共同生産のヘリコプターでウェストランド社が生産。英空軍では訓練や連絡任務に使用した。英海軍、英海兵隊でも同機を配備している。

アエロスパシアル
AS355 ツイン スクイラル
Aerospatial AS355 Twin Squirrel

日本ではエキュレイユとフランス名で呼ばれている単発のタービン・ヘリコプターを基本に、エンジンを２基装備したヘリコプター。英語ではスクイラルという。

アエロ L-29 デルフィン
Aero L-29 Delfin

チェコスロバキア空軍のジェット練習機。プロペラ機に代わるべく作られた練習機だが、基本的な飛行訓練以外に高度な攻撃訓練にも使用できた。ソ連をはじめ、東ヨーロッパ諸国でも広く使われた。

アントノフ 2
Antonov An-2

ソ連とポーランドで1948年から13000機以上も生産された世界最大の単発複葉機。農業用、貨物人員輸送など軍・民を問わず多目的に使える汎用機。室内は大変広く12人の座席が設置できるほか貨物輸送用としては1240kgのものを搭載できる。主翼の高揚力装置のおかげで短距離離着性能にも優れている。

イングリッシュ・エレクトリック
ライトニング
English Electric Lightning

英空軍初の超音速戦闘機。1960年に部隊配備され、防空任務についた。ライトニングの特徴は純然たる迎撃戦闘が目的のためマッハ２のスピードを得るために60度もの後退翼にエンジン２基を上下に配置するという独特の形にある。28年にわたり英空軍で使用されたが1988年にはファントムやトーネードに任務を譲り全機が退役した。クウェート、サウジアラビアにも輸出された。

ウェストランド
ウェセックス Mk.5 / Mk.2
Westland Wessex Mk.5 / Mk.2

米国のシコルスキーＳ-58から発展したものでタービンエンジンを搭載、全天候型で自動操縦で運用できる。1961年から英空母の飛行隊にや英空軍に配備された。

ウェストランド・シーキング
Westland Sea King

ウェストランド社が米国のシコルスキー社との契約で生産した大型ヘリ。基本的にはSH-３と同じだがエンジンは自国製のロールスロイスを使用し、細部が改良されている。1969年から英海空軍に配備。

オースター
Auster

オースター社が1940年代から50年代にかけて生産した鋼管と木材の組み合わせた構造に布張りの高翼の軽飛行機である。

カーティス P-36 モホーク
Curtiss P-36 Mohawk

カーティス社が開発した低翼単葉引込脚の戦闘機。Ｐ-40の一つ前の作品で、エンジンは空冷星形である。仏空軍が採用したものの、フランス陥落により英空軍に納入されてモホークと命名、1941年12月から1944年1月まで北東インドの防空に従事した。

カーティス P-40C トマホーク
Curtiss Tomahawk

Ｐ-36に水冷のアリソンエンジンを搭載した戦闘機。英空軍は同機を1941年初頭から配備、本国では低空の偵察任務、北アフリカ戦線では地上攻撃に使われた。

カーティス P-40M キティーホーク
Curtiss Kittyhawk

キティーホークはトマホークと比べてさらに強力なアリソン・エンジンを搭載、カウリングとキャノピーの設計が変更になった。英空軍は1941年末から同機を導入、地中海作戦に投入した。

川崎 五式戦闘機

水冷エンジンの三式戦飛燕に空冷星形のエンジンを搭載、1945年に日本陸軍で制式採用された戦闘機。終戦直前の短い期間で364機しか生産されなかった。上昇力および旋回能力が優れ、実用性が高く有効に活用された。英国のコスフォードの航空博物館保存されている。

グラマン・アグリキャット
Grumman Ag-Cat

グラマン社が1950年代に開発した農業用航空機。1959年以来生産が続けられ、この種類の機体としてはもっとも成功した。胴体中央部に1514リッターの容積のホッパーを備えているが、それを撤去して遊覧飛行用の客席を設置したものもある。各種のエンジンを装備している。

グラマン F4F ワイルドキャット
Grumman F4F Wildcat

第二次大戦直前からアメリカ海軍に配備された艦上戦闘機。英海軍も同機を1940年7月からマートレットという名前で採用。1940年12月に英海軍航空隊のマートレットはドイツ機を撃墜し、米国製戦闘機としては初のドイツ機撃墜となった。太平洋戦線では各地で零戦と戦火を交えた。零戦と比べると性能的に見劣りするにもかかわらず大戦終了まで前戦に配備された。イースタン航空機でも量産され8000機近くのワイルドキャットが生産された。

あとがき

これらのインタビューは酣燈社「月刊航空情報」に1997年10月号から18回に分けて掲載されたものである。

イギリスでの航空ショーに圧倒され、一体こんな飛行機を持って飛ばしている人たちってどんな人なんだろう、という素朴な疑問からインタビューを開始した。

あちこちに依頼の手紙を書いて、一番最初に連絡をくれたのはマーク・ハンナだった。遠慮がちに物静かに「日本の読者に私達のことを分かってもらえるなら、ぜひ協力したい」と言った。実際には、インタビュー当日はマークは多忙でその父レイ・ハンナが応じてくれたが、これは願ってもない幸運だった。恐らくイギリスでいちばん有名なパイロットだからだ。相次いでいろんなパイロットが協力してくれたが、インタビュー嫌いのスティーブン・グレイに関しては、未だにこのインタビューが唯一のものだそうだ。

インタビュー後のパイロットや飛行機の情報を少し書き加えておきたい。

ポール・ウォレン＝ウィルソンのカタリナは、1998年、イングランド南のポーツマスでの航空ショーで着水に失敗、海の底に沈んだ。当時の市長など数名が亡くなった悲しい事故であった。この時のパイロットはポールではなく、その後カタリナは引き揚げられ、今も修復中である。

インタビューが終了してから約5年が経つ。1999年の9月から半年間は、私たちにとってもっとも辛い時期だった。マーク・ハンナ、フレッド・バセット、そしてノーマン・リーズが相次いで亡くなったからだ。

マークは1999年9月末、スペインのバルセロナで開催された航空ショーに、OFMC所有のメッサーシュミットBf109にて出演中、惜しくも事故で急逝した。全身火傷で、現在レイ・ハンナは火傷治療のための基金を設立して、息子の死を無駄にしないために頑張っている。一時OFMCにあった零戦も、結局はシアトルの富豪に買い取られた。フレッドは2000年3月、一人で練習中にノースウィールドに着陸しようとしたセスナと衝突、惜しくも亡くなった。

ノーマンは、2000年の4月複座のスピットファイアで操縦を教えているとき、着陸の際リンゴの木に接触、飛行機は大破して亡くなった。

ボルター夫妻のステアマンは、最近ベルギーへと売却された。夫妻は飛行機で飛びたくなるとベルギーへ行って、乗せてもらうのだそうだ。

良いニュースもある。ジョン・ロメインの会社は成長を続け、今やダックスフォードの東側を占め、ジェット機までメンテナンスを行うようになった。スティーブン・グレイは遂に一式戦闘機「隼」を展示し始めた。ようやく修復にかかるのだろう。ジョン・ロメインは会社がどんどん成長し、ピーター・キンジーは今もブリタニアの機長だが、ファイター・コレクションのチーフ・パイロットとなり、念願のコスミック・ウィンドを手に入れた。アナ・ウォーカー、ティム・シニアはは無事に事業用免許を取得した。ウェイン・ジャックは現在はロイヤル・ブルネイの機長として世界中を飛び回り、ロンドンに来ると必ず連絡をくれる。キャロリン・グレースの息子リチャードも操縦を習い始め、そのうちキャロリンに代わってスピットファイアを操縦するだろう。

日本ではとかく善きにつけ悪しきにつけ特別視されがちな飛行機だが、イギリスでの存在はもっと身近である。そのバックグランドには一般人の飛行機への愛着と理解がある。敗戦国だから仕方ない、と当時航空産業に携わった人達はいうが、戦前・戦中と世界でもっとも優れた航空機産業国であった日本を、語る人たちが少ないのは残念である。むしろここでインタビューしたパイロットのほうが、私たちよりよく知っているくらいだ。

この本を通じて、少しでも飛行機を身近に感じてくださったなら、それで充分である。

日本でもこのような航空ショーが開催されることを祈って……。

著者（2005年春）

●著者紹介

●**栗原秀夫**（くりはら・ひでお）

東京は立川の米軍基地のそばで生まれ、毎日飛行機を見ながら育つ。映画撮影の仕事をした後、ロンドンの映画学校を目指して渡英。英国の田園風景に魅了されて風景写真を撮り始め、写真家になる。

世界中を取材のため旅行。各国での車の運転経験が豊富で道路交通にも造詣が深い。毎日新聞社主催日本の道を考える会の懸賞論文で入賞したこともある。ライタ ー松尾和子との共同作品はこれが最初。1984 年から仕事の拠点をロンドンに移 す。撮影の題材は風景、人物、飛行機と大別される。日本と英国の出版物に多くの写真を提供。

●**松尾和子**（まつお・かずこ）

北九州市〔旧八幡市〕出身。1974 年、ビートルズの国を見るために渡英。東京で最後の就職先は広報課でのカメラマン。後にはライター・編集者も仕事の範囲となった。最近は地の利を生かしてインタビュー記事の依頼が多い。政治、社会、軍事、航空と取材分野は広がる。元 SAS の友人のジム・ショートの翻訳著書「闇の特殊戦闘員・テロと戦うプロフェッショナル」講談社、「魔女マリーナの魔法のおまじない」光文社などの作品がある。1984 年より英国ロンドン在住。

空飛ぶイギリス人

英国的飛行機生活

2005月3月15日　初版第一刷

著者　松尾和子

写真　栗原秀夫

発行人　小川光二

発行所　株式会社大日本絵画
〒101-0054　東京都千代田区神田錦町1丁目7番地
電話／03-3294-7861(代表)
http://www.kaiga.co.jp

編集　株式会社アートボックス

装幀・デザイン　柳沢光二

印刷・製本　大日本印刷株式会社

ISBN4-499-22871-9　C0076